CONSIDÉRATIONS INÉDITES

SUR LES

CHARPENTES MÉTALLIQUES

PAR

LOUIS PERBAL

PARIS

DUNOD

92, RUE BONAPARTE (VI)

1929

20 FEV 1920

CONSIDÉRATIONS INÉDITES

SUR LES

CHARPENTES MÉTALLIQUES

T.

class. déc. 624.95.08 + 621.86

CONSIDÉRATIONS INÉDITES

SUR LES

CHARPENTES MÉTALLIQUES

PAR

LOUIS PERBAL

PARIS

DUNOD

92, RUE BONAPARTE (VI)

1929

PRÉFACE

Le lecteur a trouvé déjà, dans un des nombreux ouvrages traitant de la résistance des matériaux, tous les renseignements se rapportant à cette matière, tant au point de vue théorique qu'au point de vue pratique.

Les présentes considérations ont pour but de compléter, en partie, l'enseignement classique, en présentant certaines questions sous une forme nettement différente de celle qui est couramment employée.

La recherche des formules relatives à la résistance des matériaux constitue une gymnastique intellectuelle particulièrement intéressante, mais les réalisations de fait exigent de plus en plus, dans leur spécialisation, l'emploi de procédés rationnels, rapides et économiques.

La haute culture constitue, dans son ensemble, une formation qui est dispendieuse pour la collectivité, et il y a de ce côté, beaucoup d'appelés pour peu d'élus. L'ingénieur formé en vue de rendre des services en rapport avec ce qu'il a coûté, doit, lui, payer sa dette envers la société. L'évolution sociale s'oriente en effet vers la suppression des êtres inutiles, après s'être préoccupée, presque exclusivement, pendant un certain nombre de siècles, de la destruction de ceux qui étaient nuisibles, ou étaient considérés comme tels.

Les bagages scientifiques ne sont que des bagages, au sens d'impedimenta, lorsqu'il s'agit de ceux qu'a acquis un producteur. Que celui-ci les conserve au fond de sa mémoire, afin de retrouver parmi eux, au moment opportun, le document qui lui deviendra utile dans un cas concret, mais qu'il évite systématiquement l'encombrement que lui occasionnerait la hantise de ses colis.

Faire étalage de ses connaissances est une chose, en utiliser judicieusement la partie intéressante en est une autre.

On ne sera donc pas étonné que je me sois étendu principalement sur les possibilités de réalisation, et que, dans ce but, je sois descendu à plusieurs reprises jusqu'à en fouiller les détails d'exécution.

On comprendra de même que j'ai estimé devoir joindre au texte, sous forme de tableaux, des séries de chiffres, pris parmi ceux qui présentent pour le charpentier un intérêt certain.

Que ce livre soit utile, c'est là son but.

L. P.

TABLE DES MATIÈRES

CONSIDÉRATIONS INÉDITES
SUR LES
CHARPENTES MÉTALLIQUES

1

CERTAINES PARTICULARITÉS
RELATIVES A LA RÉSISTANCE DES ACIERS LAMINÉS

Traction moléculaire. — La résistance d'un métal à la traction est représentée en pratique par le chiffre de l'effort qui détermine la rupture d'une éprouvette placée entre les mâchoires d'une machine à essayer.

Ce chiffre représente le quotient de l'effort au moment où la rupture se produit

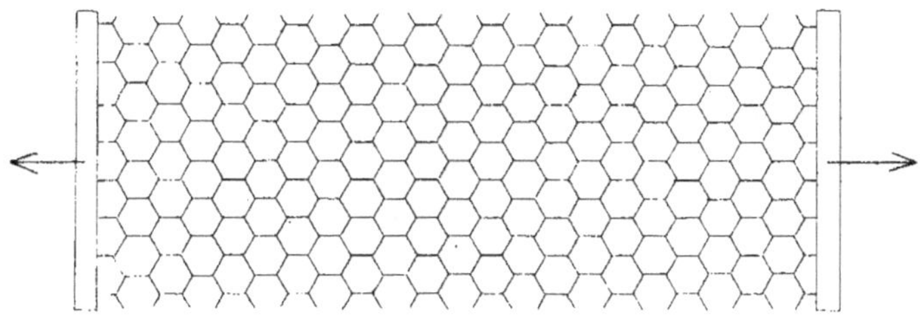

Fig. 1. -- Bande de treillage.

par la section de l'éprouvette avant déformation, soit par exemple 42 kgr. 500 par millimètre carré pour l'acier doux de construction.

L'importance de l'effort réel par millimètre carré auquel la pièce résiste dans la section de striction est en réalité de beaucoup supérieure au chiffre conventionnel. Par exemple un acier à 78 kilogrammes, chiffre conventionnel de rupture, résiste en réalité à 195 kilogrammes, chiffre se rapportant à la section de striction, c'est-à-dire qu'il est en réalité deux fois et demi plus élevé.

D'un autre côté, M. Seigle a montré qu'un barreau d'acier écroui par traction, peut supporter à nouveau une charge de rupture égale à celle qu'il supportait primitivement, c'est-à-dire que la charge de rupture reste la même pour les morceaux d'un

barreau rompu par traction quel que soit le nombre des nouvelles ruptures ulté-
rieures. En fait la pièce de métal se comporte comme si la constitution intérieure
était formée d'un certain nombre de fils parallèles, capables de se rapprocher jusqu'à
une certaine limite, sans que leur diamètre individuel soit modifié.

L'examen d'une bande de treillage (ou mieux de tissu) sur laquelle on exerce-
rait une traction, représenterait assez bien « dans le plan » ce qui se produit « en
volume » dans le barreau de métal soumis à l'essai de traction (fig. 1 et 2).

Sous l'effet d'une traction modérée, la bande s'allongerait par déformation affec-

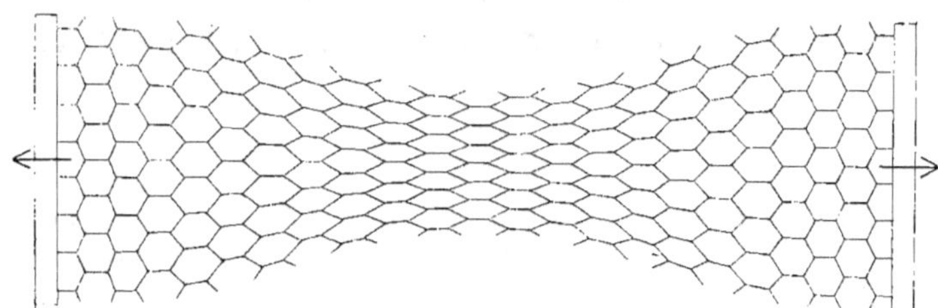

Fig. 2. — Bande de treillage tendue.

tant la direction des fils qui la constituent, sans que les fils eux-mêmes changent de
section. Si cet effort était suffisamment réduit, la bande de treillage reprendrait sa
largeur initiale lorsque l'effort serait supprimé : la limite d'élasticité n'aurait pas été
dépassée.

Sous l'action d'un effort de plus en plus considérable, la déformation dans le
treillage s'accentuerait et persisterait après que l'effort aurait été supprimé. La limite
serait atteinte lorsque les fils constitutifs du treillage seraient suffisamment rapprochés pour que leur rupture se produise. Le phénomène représenterait, par une image
grossière, ce qui se passe probablement à l'échelle moléculaire dans le métal du barreau soumis à l'essai.

Le journal *La Technique Moderne* du 15 février 1928 donne deux illustrations,
reproduites schématiquement figures 3 et 4, et qui rappellent, sous une autre forme
d'application, les considérations développées ci-dessus. Les originaux de ces figures
sont dus à M. E.-G. Coker, dans *Proceedings of the Institution of Civil Engineers*,
1918-1919, où il a traité des procédés photo-élastiques employés pour la détermination des tensions intérieures.

Ceci confirme ce que dit Bouasse dans : *Résistance des Matériaux* : L'exacti-
tude de la loi (d'allongement linéaire du métal) va d'elle-même si l'on suppose que

la tension se répartit uniformément sur tous les éléments de la section droite du cylindre, et que les cylindres élémentaires constituant le cylindre total se déforment sans que la déformation de l'un intervienne dans la déformation du voisin.... »

Fig. 3. — Maquette donnant une représentation à trois dimensions des efforts dans une éprouvette de traction (d'après E. C. Coker).

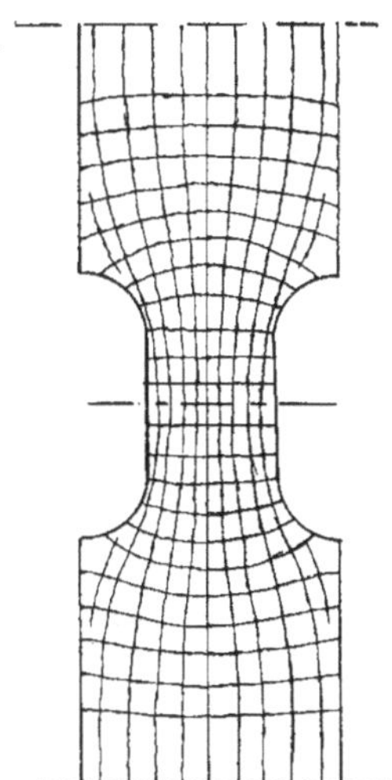

Fig. 4. — Lignes isostatiques dans une éprouvette de traction (d'après E. C. Coker).

« D'ailleurs, c'est un fait très remarquable, que les plus grandes déformations permanentes modifient peu la densité. »

Les chiffres conventionnels qui sont employés dans les calculs de résistance des matériaux, suffisants dans la pratique, se défendent difficilement comme étant des chiffres certains.

« Nos pères, dit encore Bouasse, avaient le préjugé des constantes : ils imaginaient un fer pur dont on pouvait une fois pour toutes déterminer les caractéristiques : nous avons perdu cette illusion. »

QUELQUES REMARQUES SE RAPPORTANT AUX PROFILÉS A UTILISER DE PRÉFÉRENCE

Flexion. — Les pièces travaillant en flexion sont susceptibles d'une résistance plus ou moins accentuée en rapport avec la forme de leur section, toutes autres conditions restant sans modifications.

En outre, la charge limite de rupture des pièces fléchies se trouve plus élevée que celle qui se rapporte à la traction simple.

Tout se passe dans la pièce fléchie comme si l'axe des fibres neutres se déplaçait vers la fibre extrême comprimée. Le maximum de ce déplacement correspond à la section circulaire.

« On ne saurait croire, dit Bouasse, après quels erreurs et tâtonnements, on est parvenu, vers 1826 (Navier), à localiser convenablement le plan des fibres neutres dans une poutre fléchie. »

Si la résistance à la traction est représentée par l'unité, le coefficient à appliquer devient :

Section doublé té 1,27
— simple té 1,30
— carrée 1,70
— circulaire 2,02

En ce qui concerne la limite d'élasticité, les rapports sont les suivants :

Section doublé té 1,11
— simple té 1,12
— carré 1,28
— circulaire 1,40

En réalité, il suffira de retenir les chiffres qui sont à appliquer dans la construction courante, et si R est la résistance pratique admissible, en sécurité, pour la traction ou la compression (sans que l'on ait à faire intervenir le flambage), il en résultera pour :

L'acier doux .... R = 10 kgr. 500
Le cisaillement .... 0,8 R = 8 kgr. 500
La flexion des pièces composées 1   R = 10 kgr. 500
    —   profilés simples .... 1,3 R = 13 kgr. 500
    —   ronds .... 1,7 R = 17 kgr. 700
L'écrasement en « vase clos »(1) .... R = 25 kgr.   »

étant entendu que le chiffre de 13,500 pour les profilés simples, ne doit s'appliquer qu'à des pièces telles qu'elles sortent du laminage, et n'ayant subi aucun travail d'atelier dans la zone de la section qui sera la plus fatiguée sous l'influence des efforts qui ont servi de base au calcul.

Pour la fonte, il en résultera :

Traction .... 0 kgr.   »
Compression .... R = 15 kgr.   »
Flexion des carrés et doubles tés .... R = 3 kgr. 800
    —   pièces circulaires...................... R = 4 kgr. 200

étant entendu que les chiffres indiqués pour la flexion se rapportent à des pièces non affectées par un travail d'usinage pouvant provoquer des variations brusques dans la section des pièces considérées.

Section carrée désavantagée. — A l'appui des observations faites relativement aux pièces à section usinée, travaillant en flexion, et qui s'en trouvent affaiblies

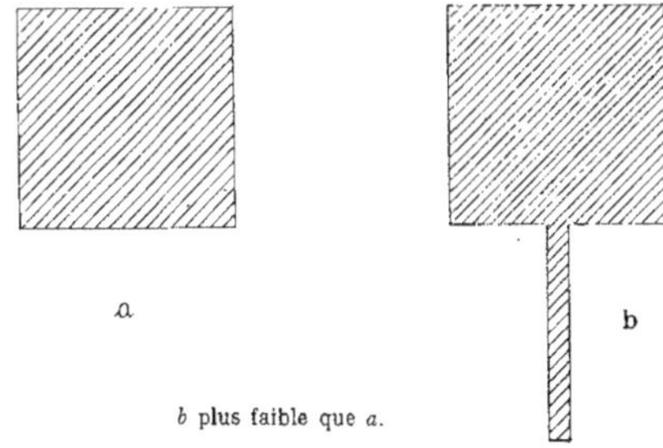

Fig. 5 et 6. — Influence de la forme de la section sur la résistance des solides fléchis.

de ce fait, il faut citer le cas d'un solide dont la section serait composée d'un carré (fig. 6), prolongé par une partie méplate, de saillie égale au côté du carré simple (fig. 5).

----

(1) « Vase clos », en terme figuré, signifiant le cas du métal maintenu de telle sorte qu'il ne puisse s'étendre facilement en largeur ou en épaisseur.

Le cas du corps du rivet, et du métal adjacent de la pièce assemblée par son intervention, en serait un exemple.

Les deux pièces, de même longueur, étant soumises à l'action d'efforts les faisant travailler à la flexion, il est constaté que la pièce de section b se rompra nettement avant la pièce de section a. La languette de la pièce b, en raison de sa faible épaisseur sur la ligne des fibres extrêmes travaillant en traction, occasionne en effet un « départ » de rupture.

Ressaut dans les barres cylindriques. — Dans le même ordre d'idées, il peut être cité le cas d'une pièce à section circulaire, modifiée sensiblement dans sa surface

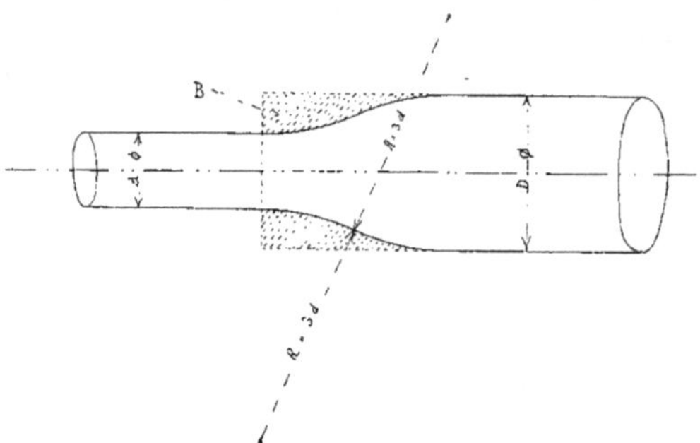

Fig. 7. — Influence des formes de raccordement lors des variations de diamètre.

de section, en passant par exemple du diamètre D au diamètre d (fig. 7). Cette pièce se rompra beaucoup plus facilement au droit du changement de section, si celui-ci est opéré suivant le tracé indiqué en pointillé, qu'elle ne le ferait si la barre continuait sans interruption, dans sa longueur, la section la plus faible, d. Il résulte d'expériences effectuées méthodiquement que, pour éviter le « départ » de rupture qui se produirait au changement de section, il est indispensable d'effectuer le raccordement à l'aide de surfaces de révolution à double courbure, dont le rayon ne soit pas inférieur à trois fois le diamètre de la section la plus faible.

Il est donc indispensable, dans toutes les combinaisons adoptées en construction métallique, d'éviter les changements brusques de section des pièces qui doivent transmettre un effort à intensité constante, ou régulièrement variable, dans leur longueur, et en outre d'éviter le travail d'usinage (rabotage, perçage des trous, etc.) au droit du changement de section, dans le cas où celui-ci ne peut être écarté.

Changement de sens des efforts. — Lorsqu'il s'agit de constructions, ou d'éléments de constructions, dans lesquels les efforts varient d'intensité, ou changent de sens, il y a lieu de faire intervenir un coefficient de réduction qui sera d'autant plus élevé que la différence des efforts entre le maximum et le minimum sera plus importante.

En se basant sur les calculs établis par Deschamps, d'après la formule de Seefehlner :

$$(A) \qquad R_1 = \frac{2}{3}\left(I + \frac{f}{2F}\right) R_0,$$

on obtient les chiffres portés au tableau 2, qui suffisent pour l'étude des constructions courantes.

Dans le cas d'un tirant de flèche de grue, comme celui des figures 8 et 9 par exemple, il y a lieu de faire intervenir, pour son calcul, deux sortes d'efforts de traction :

l'un résultant du poids propre de la flèche, de celui du câble, des poulies, etc., qui agissent en tout état de cause. Il sera supposé égal à 1 000 kilogrammes ;

l'autre, résultant de la charge qui variera entre 0 et l'effort total. Il sera supposé égal à 3 000 kilogrammes.

L'effort total sera donc de 4 000 kilogrammes.

Mais pour appliquer le taux de travail R, se rapportant au cas de charge permanente, il faudra multiplier l'effort variable par 1,52, résultant du chiffre donné pour f /F dans le tableau 2

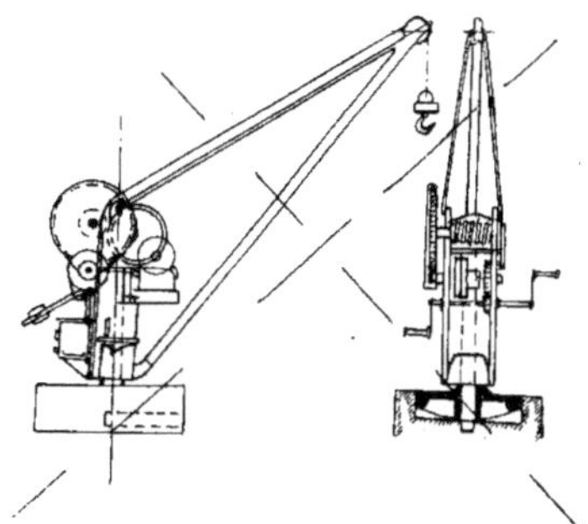

Fig. 8 et 9.
Grue pivotante (mauvaise disposition voir p. 106).

On aura donc . . . . 1 000 kilogrammes.
+ 3 000 × 1,52 . . . . 4 560
Ensemble . . . . 5 560 kilogrammes.

et pour la section de la pièce $\dfrac{5\ 560}{10,5} = 530$ millimètres carrés.

III

DES PROCÉDÉS PRATIQUES A EMPLOYER
DANS LE BUT DE SIMPLIFIER LES CALCULS

Simplifications. — En vue d'arriver à simplifier, dans toute la mesure du possible, les calculs qui sont indispensables pour déterminer le choix des laminés (ou des combinaisons de laminés à assembler entre eux) devant réaliser les barres constitutives d'une construction envisagée, il est tout indiqué de préparer d'avance les éléments qui sont appelés à être utilisés fréquemment.

Dans ce but, j'ai fait établir une série de « tableaux de construction » qui complètent ceux qui ont été édités déjà (Raymond Cros, Vallat, etc.). Beaucoup plus chargés au début, il y a quelques années déjà, qu'ils ne le sont actuellement, ces tableaux ont été émondés progressivement, afin de réduire leur encombrement au minimum strictement nécessaire, bien que ce minimum soit suffisant.

Le choix des laminés qui sont nécessaires pour assurer la constitution des barres sera fait dans la série de ceux qui sont fabriqués couramment par les laminoirs. Leur étagement successif d'échantillonnement provoque des ressauts parfois considérables de la section d'un profilé à celle du profilé le plus rapproché de lui dans la série considérée. Il en résulte que, lorsqu'il s'agit d'établir les calculs relatifs à une construction déterminée, il est inutile d'énumérer les chiffres fuyant vers la droite des nombres, ceux qui les commencent à gauche suffisent en pratique.

Voir les « Tableaux de Construction ».

L'étude des charpentes métalliques, exception faite de quelques cas spéciaux, très rares d'ailleurs, n'exige que l'application de formules très simples, mais qui, par contre, doivent être *judicieusement appliquées*. La maîtrise du constructeur réside dans la concrétisation de l'emploi des formules.

Dans aucun cas, il ne faut oublier que « l'évidence sensible sert d'introduction et de complément à l'évidence logique » (suivant la pensée de Taine, énoncée dans son livre l'*Intelligence*), ni que « la trop grande habitude de tout déduire des formules fait perdre jusqu'à un certain point le sentiment net et précis des vérités mécaniques considérées en elles-mêmes », et que « les procédés analytiques sont plus propres à convaincre l'esprit qu'à l'éclairer en lui permettant de suivre d'une manière instinctive les relations des effets avec les causes » (suivant l'objection de Lecornu).

IV

DU FLAMBAGE DANS LES PIÈCES COMPRIMÉES OU FLÉCHIES

Flambage. — « Autant les formules sont utiles pour indiquer (avec des coefficients empiriques) quand assurément la pièce ne se déformera pas, dit Bouasse, autant elles sont vaines si l'on admet qu'elles fournissent les conditions de la déformation et de la rupture ;

« Avec raison, l'ingénieur s'inquiète peu de la manière dont une construction s'effondrera, puisqu'il s'efforce précisément d'éviter la catastrophe. »

Le flambage possible des pièces supportant un effort de compression, est évidemment une des principales préoccupations que doit avoir l'ingénieur chargé des études.

Le résultat d'une longue pratique m'a conduit à adopter exclusivement la formule d'Euler. Pour l'acier doux, et dans son application la plus fréquente d'un solide supportant un effort de compression avec ses extrémités libres, mais guidées, cette formule se présente sous la forme :

$$(B b) \qquad 1 = \frac{PL^2}{50\,000}.$$

Les différentes conceptions réalisées en tenant compte de l'application de la formule d'Euler, pour les pièces comprimées, n'ont jamais donné lieu à des insuffisances d'exécution. Il y a toujours avantage à ce que les pièces qui sont exposées à flamber soient complètement à l'abri de cette cause d'effondrement pour la construction envisagée.

Toute une série des « tableaux de construction » ont été établis de telle sorte qu'il soit possible :

a) Soit de trouver l'échantillon qui convient pour le cas envisagé.

b) Soit de contrôler, par comparaison, le résultat obtenu par le calcul qui a servi à déterminer une pièce considérée, et ainsi d'éviter l'erreur lourde.

Liaisons entre les éléments constituant une pièce comprimée. — Lorsque deux laminés sont employés en vue de concourir à la formation d'une pièce unique, il faut, et il suffit, qu'ils soient reliés l'un à l'autre à des écartements qui soient infé-, rieurs à la distance à laquelle l'un des laminés, livré à lui-même, serait exposé à flamber.

Par exemple, deux cornières inégales de 70/50/6, concourant à la formation d'une pièce unique, formant ainsi un té de 100/70/6 et 12 (fig. 10), seront réunies l'une à l'autre, si elles travaillent au plein, en ce qui concerne leur capacité de compression simple, par des rivets écartés au maximum de 765 millimètres.

Si ensuite, deux de ces tés étaient destinés à concourir à la formation d'une pièce en croix, formée de quatre cornières, chacune des deux paires devrait être réunie à l'autre à des distances qui ne devraient pas excéder :

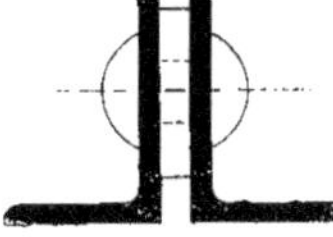

Fig. 10. — Section composée de deux cornières inégales réunies de distance en distance.

1 m. 350, si les deux cornières formant la paire étaient accolées jointives.

1 m. 550, si elles se trouvaient écartées par suite de l'interposition d'un gousset d'épaisseur normale entre elles deux, et enfin,

1 m. 700, si elles étaient écartées de telle sorte que le moment d'inertie du té simple qu'elles formaient, était le même dans le sens de l'aile de base du té, comme il est dans le sens de l'aile normale à la base. (Voir tableau 12, colonnes 19, 20, 21, 23 et 25.)

Pièces supportant des efforts réduits. — Dans les développements qui précèdent, la supposition de construction se rapportait au cas où chaque cornière élémentaire avait à supporter un effort tel, qu'elle avait à travailler au plein en tant que compression simple, c'est-à-dire sous un effort de 6.840 kilogrammes pour l'échantillon de 70/50/6, si R = 10. Il est évident que les limites d'écartements indiquées ci-dessus pourraient être augmentées, s'il s'agissait de charges moindres, et cela à des distances dont la racine carrée serait inversement proportionnelle aux nouvelles charges admises, par rapport à celle de 6.840 kilogrammes qui a servi de base aux calculs qui ont été détaillés.

En pratique, par raison de simplification, il est préférable de maintenir les limites indiquées ci-dessus, quelle que soit la réduction de la charge : il est préférable d'exagérer la prudence lorsqu'il s'agit de pièces exposées au flambage.

Dans le cas d'une pièce longue exposée à subir un effort de compression, et constituée de ce fait au moyen de deux, ou trois, ou quatre arêtiers réunis entre eux par des barres formant entretoises en treillis, la distance à laquelle doivent être placées les attaches reliant réellement l'un des arêtiers au système d'ensemble, ne doit pas être supérieure à celle qui permet à cet arêtier de résister, sans crainte de flambage, à sa part d'effort de compression dans l'ensemble.

Si cet arêtier est continu (y compris la continuité réellement assurée au droit

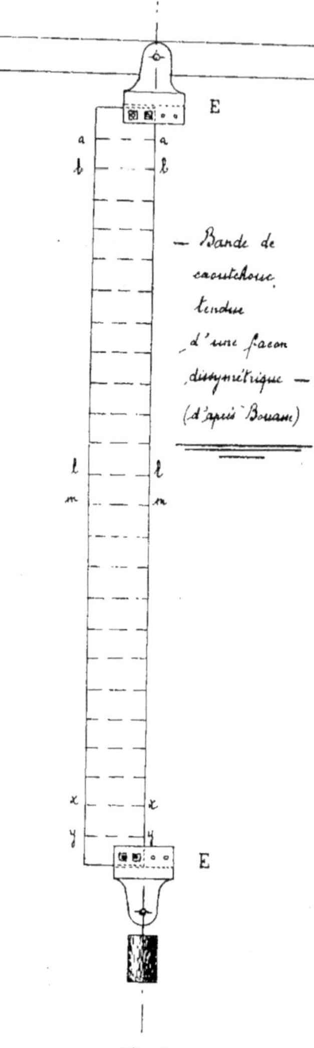

Fig. 11.

du couvre-joint réunissant les différents tronçons qui en constituent éventuellement la longueur), il peut être considéré comme un solide chargé debout et ayant une extrémité libre, et l'autre encastrée. La formule à appliquer serait donc :

$$I = \frac{PL^2}{100\,000}.$$

La pièce sera bien conçue si chacun des arêtiers travaille au plein, c'est-à-dire si les écartements pris entre les arêtiers d'une part, et les différents points d'attache sur la longueur de chacun d'eux d'autre part, sont judicieusement choisis.

Dans ce cas, la limite d'écartement entre deux nœuds successifs sur le même arbalétrier ne devra pas dépasser celle qui est indiquée dans les tableaux de construction pour l'échantillon choisi, soit : 975 millimètres pour une cornière égale de 70 /70 /7, par exemple, si celle-ci est considérée comme étant une pièce chargée debout avec ses extrémités libres, mais guidées. Cette distance serait de 975 × 1,414, ou 1 m. 380, si la pièce d'arêtier était considérée comme étant semi-encastrée à chaque extrémité.

Particularités se produisant dans le cas de pièces très longues. — Les exemples suivants sont cités par Bouasse.

Si l'on cherchait quelle limite de hauteur on pourrait donner à un fil d'acier de 2 millimètres et demi de diamètre, non exposé au vent, pour qu'il se tienne vertical sans être exposé au flambage, on trouverait 2 m. 100.

Pour une pièce cylindrique en sapin de 500 millimètres de diamètre, la hauteur serait de 93 mètres. Il existe en Colombie anglaise des pins qui, pour un même diamètre de base, atteignent 68 mètres. Il faut tenir compte, pour la comparaison à faire entre les deux chiffres, du fait que la pièce cylindrique est supposée placée à l'abri, mais par contre, que les pins sont garnis de branchages et exposés particiellement à l'action du vent.

Un mât de montage. — Lorsqu'une pièce est suffisamment longue comparativement à la largeur de sa section transversale, les efforts qui, à l'une de ses extrémités, seraient appliqués d'une façon dissymétrique, par rapport au centre de gravité de sa section, se trouvent, rapidement, répartis également dans ladite section à partir d'une distance relativement faible de cette extrémité. A partir de ce moment, les différents efforts se compensent et il n'existe plus que la résultante additive (avec leurs signes, lorsqu'il s'agit d'efforts de directions contraires) à laquelle la pièce a été soumise, et par suite un seul sens d'effort (celui prédominant) dans la partie médiane de la longueur de la pièce envisagée.

L'expérience suivante, signalée par Bouasse, peut être réalisée (fig. 11).

« Sur une lame de caoutchouc, on trace à l'encre des traits parallèles. On la prend dans deux étaux schématiquement représentés en E, on l'allonge. On constate que les traits voisins des étaux sont courbes, ce qui est évident, puisque les parties extrêmes *gauches* de la lame ne sont pas tendues. Les courbures des traits sont opposées. »

« Le trait milieu reste évidemment toujours rectiligne. L'expérience montre que, de part et d'autre de ce trait, il en existe dans le même cas un nombre d'autant plus grand que la lame est plus longue par rapport à sa largeur. »

Il peut être donné en exemple le cas d'un mât métallique en treillis à section carrée (fig. 12), maintenu vertical à l'aide de haubans, du modèle de ceux que j'ai fait construire pour servir au montage des charpentes métalliques. Les poulies de renvoi étant disposées sur une traverse placée sur la tête comme il est indiqué, il en résultera un effort du côté des arêtiers A qui sera :

$$\frac{3P}{2} - \frac{P}{2} = P$$

et du côté des arêtiers B :

$$P - \frac{P}{2} = \frac{P}{2}$$

dans la section médiane, l'effort sur chacune des faces sera :

$$\frac{P + \frac{P}{2}}{2} = \frac{3P}{4}.$$

Un monteur n'hésitera pas à mettre au levage, du côté des arêtiers A, un fardeau suspendu à l'aide d'un mouflage à six brins. Dans ces conditions, l'effort du côté des arêtiers A deviendra :

$$\frac{3P}{2} - \frac{P}{6} = \frac{4P}{3}$$

et du côté des arêtiers B :

$$\frac{P}{3} - \frac{P}{2} = -\frac{P}{6}$$

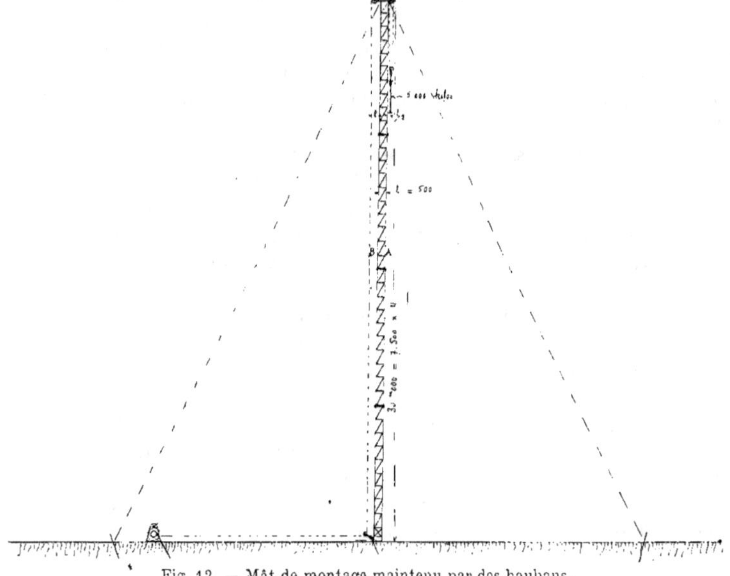

Fig. 12. — Mât de montage maintenu par des haubans.

les arêtiers B, dans ce cas, travailleront donc en *traction*, à la tête. Dans la section médiane, l'effort sera sur chacune des faces :

$$\frac{\dfrac{4P}{3} - \dfrac{P}{6}}{2} = \frac{7P}{12}.$$

La charge maximum à appliquer verticalement sur le mât sera $\dfrac{7P}{6}$, puisque P sera maximum lorsque le mouflage sera constitué à six brins.

Pour tenir compte du poids du mât lui-même, de celui des poulies et des câbles, de celui des haubans, de l'effort possible du vent et des efforts résultant de fausses manœuvres non dangereuses, il sera prudent de tabler sur un effort total de compression égal à 2P, soit deux fois le poids maximum du fardeau dont le mât est capable d'assurer le levage et la mise en place.

Enfin, il faut envisager le cas où le mât ne portera sur le sol que par l'intermédiaire d'un seul arêtier, qui devra donc pouvoir prendre seul la charge à la base. Il sera nécessaire, pour parer à cette éventualité, de construire ladite base en caisson de hauteur suffisante (300 millimètres par exemple, pour le cas analysé ci-après) et pour que l'effort soit immédiatement reporté sur d'autres arêtiers, ceux qui sont adjacents à celui qui est considéré.

Si le mât doit être capable de 5 000 kilogrammes par exemple, et que la face la plus chargée, côté tête, soit constituée par deux arêtiers, chacun d'eux devra supporter 5 000 kilogrammes. Ils seront constitués chacun par une cornière de 50/50/5, qui est capable de 5 000 kilogrammes avec R = 10,500 (Tableau 8, colonne 4).

Pour 30 mètres de hauteur prévue, il faudra :

$$(Bb) \qquad I = \frac{5\ 000 \times 30\ 000^2}{50\ 000} = 90\ 000\ 000$$

4 **L** 50/50/5 à 500 d'écartement (1) hors cornières, avec le talon tourné vers l'extérieur, donnent :

$$I = 106\ 000\ 000,$$

ce qui est acceptable, malgré l'existence dans les arêtiers des trous destinés aux rivets d'assemblage des barres de treillis.

Si les arêtiers sont réunis à l'aide de barres de treillis aux deux arêtiers voisins et au même niveau, ou à peu près, la distance entre deux nœuds consécutifs ne devra pas dépasser 980 millimètres, si l'arêtier est supposé appuyé et guidé par intervalle entre chaque nœud successif, et 695 millimètres, dans le cas où les nœuds du treillis se trouvent placés en quinconce, alternativement, sur chacune des faces de la **L** d'arêtier (voir tableau 8, colonne 15).

Les barres de treillis seront constituées par des **L** de 30/30/5, aplaties à chaque extrémité, de telle sorte qu'elles puissent être réunies aux arêtiers au moyen de rivets de 12 millimètres de diamètre. Il est nécessaire en effet que les barres de treillis puissent supporter les chocs lors de la manutention du matériel, qui est fréquente, et assez brutalement menée.

Le résultat de cette manutention est en effet de faire travailler très souvent les différents tronçons du mât en flexion, et le mât lui-même en flexion sur une assez grande partie de sa longueur, lorsqu'il est mis au levage. L'effort tranchant qui en résulte pour les barres de treillis, dans ce cas, est supérieur à celui qui se déduit de

____

(1) Cette distance de 500 millimètres serait trop faible s'il s'agissait d'une construction permanente, la largeur minimum dans ce cas devrait être de 900 millimètres (voir tableau 22).

la formule (C). Enfin, les barres de treillis placées horizontalement doivent pouvoir

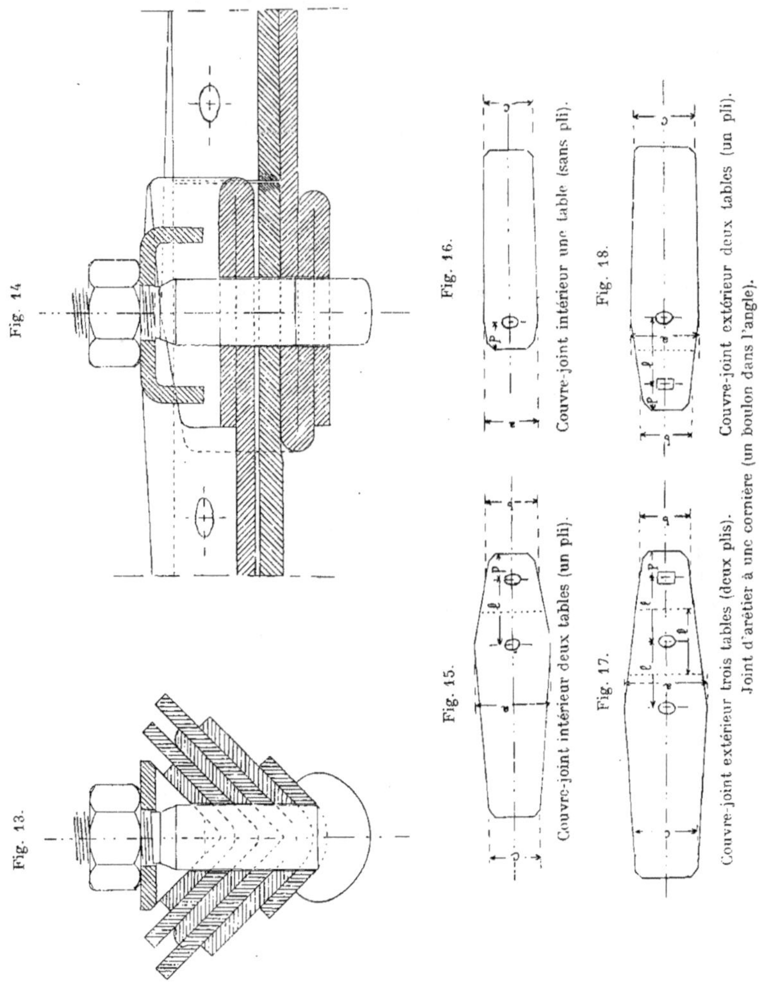

supporter l'effort de flexion résultant du passage du monteur lorsqu'il utilise le mât comme il le ferait d'une échelle.

Il existe une formule empirique, due à Kellhoff, permettant de déterminer l'effort tranchant dont il faut tenir compte pour la réalisation du treillis. Elle se présente sous la forme suivante :

$$(\text{C}) \qquad T = \frac{0{,}000\,25\ FL}{v}$$

dans laquelle :

F est l'effort de compression agissant sur la pièce ;

L la longueur de celle-ci ;

v la distance de la fibre neutre à la fibre extrême, dans la pièce envisagée.

Pour le cas actuel :

$$(\text{C}) \qquad T = \frac{0{,}000\,25 \times 5\,000 \times 30\,000}{250} = 150 \ \text{kilogrammes,}$$

soit 75 kilogrammes sur chaque face, la pièce étant à section carrée.

La distance entre deux nœuds consécutifs, sur chacun des arêtiers, étant de 750 millimètres, et la construction étant faite en N, l'effort maximum sur la barre inclinée sera égal à 300 kilogrammes. Sa longueur n'atteignant pas 900 millimètres, elle devient capable de 1.000 kilogrammes environ comme travail de compression, ce qui est plus que suffisant pour le cas concret ici envisagé.

Les barres de treillis seront placées à l'intérieur des cornières d'arêtier, afin d'être aussi peu exposées que possible aux conséquences des chocs qui sont toujours à craindre pendant que les manutentions sont effectuées.

Assemblage dans les angles des arêtiers. — Le mât de montage doit évidemment être constitué en plusieurs éléments, dont la longueur soit telle que le transport en soit facile. Les éléments seront de 7 m. 500 chacun, soit quatre éléments pour former 30 mètres, 7 m. 500 permet le transport sur un véhicule des grands réseaux sans nécessiter de wagon tamponneur.

Les joints doivent être exécutés de telle sorte que l'assemblage en soit rapide, tout en étant certain. Un boulon seulement pour chaque cornière d'arêtier est nécessaire, mais il est suffisant (fig. 13 à 18).

Le boulon sera du diamètre voulu, soit 24 millimètres, ce boulon est placé dans l'angle de l'une des cornières de l'extrémité mâle. Celle-ci est renforcée à l'aide d'un couvre-joint de 6 millimètres d'épaisseur replié sur lui-même, de telle sorte que l'épaisseur présentée contre le corps du boulon, pour s'opposer à l'écrasement, soit de :

$$(5 + 6 \times 2) \ \text{ou} \ 17 \times 24 = 408,$$

l'écrasement par millimètre carré ressort à :

$$\frac{5\,000}{408} = 12 \ \text{kilogrammes,}$$

ce qui est très acceptable.

Le couvre-joint est en outre plié à 90° dans le sens de la longueur, pour être placé à l'intérieur de la cornière, à laquelle il est fixé à l'aide de trois rivets de 12 millimètres de diamètre.

La cornière du tronçon d'arêtier correspondant est coupée plus courte de la quantité dont l'autre a été réservée plus longue, à partir du trou d'assemblage (plus 2 millimètres destinés au jeu), les deux cornières se trouvent ainsi dans le prolongement l'une de l'autre.

La cornière courte, extrémité femelle, est prolongée à l'aide d'un gousset de 6 millimètres d'épaisseur, replié deux fois sur lui-même et ensuite dans l'autre sens.

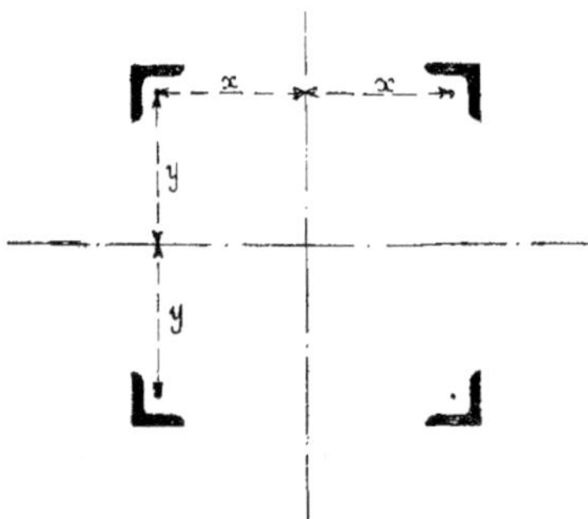

Fig. 19. — Section d'une pièce en treillis composée de quatre arêtiers.

à 90°. Les trois épaisseurs, 6 $\times$ 3, assurent la résistance à l'écrasement du boulon. Cinq rivets de 12 fixent le couvre-joint à la cornière d'arêtier.

Le boulon est à tête de marteau, il est réduit en diamètre (20 millimètres) pour la partie filetée, de façon à éviter le coincement des filets lors de l'exécution de l'assemblage.

Une cale formant « rondelle » est placée avant de visser l'écrou. Cette cale, repliée en forme d'U, ramène le plan du dessous de l'écrou à un niveau tel qu'il puisse être serré facilement au moyen de la clef.

Douze pièces à manier sont donc nécessaires et suffisantes pour réaliser l'assemblage de deux tronçons :

quatre boulons,

quatre écrous,

quatre rondelles spéciales.

En vue de faciliter l'assemblage, un trou *ad hoc* est percé en avant du boulon dans chacune des deux contre-plaques, ce qui permet d'amener en concordance, à l'aide d'une broche, le trou par lequel doit passer le boulon d'assemblage. Cela permet d'engager facilement ledit boulon, sans que le filet en soit détérioré. Le trou d'amenée est ensuite rendu libre une fois que l'assemblage est réalisé.

Les figures 19 à 24, données à titre d'exemples, se rapportent à une pièce verticale devant supporter un effort de 36 900 kilogrammes, abstraction faite du poids propre de la pièce elle-même, ainsi que de l'action du vent.

Constitutions de section des pièces longues. — Lorsque la pièce qui est destinée à supporter un effort de compression a une largeur suffisante, d'une extrémité

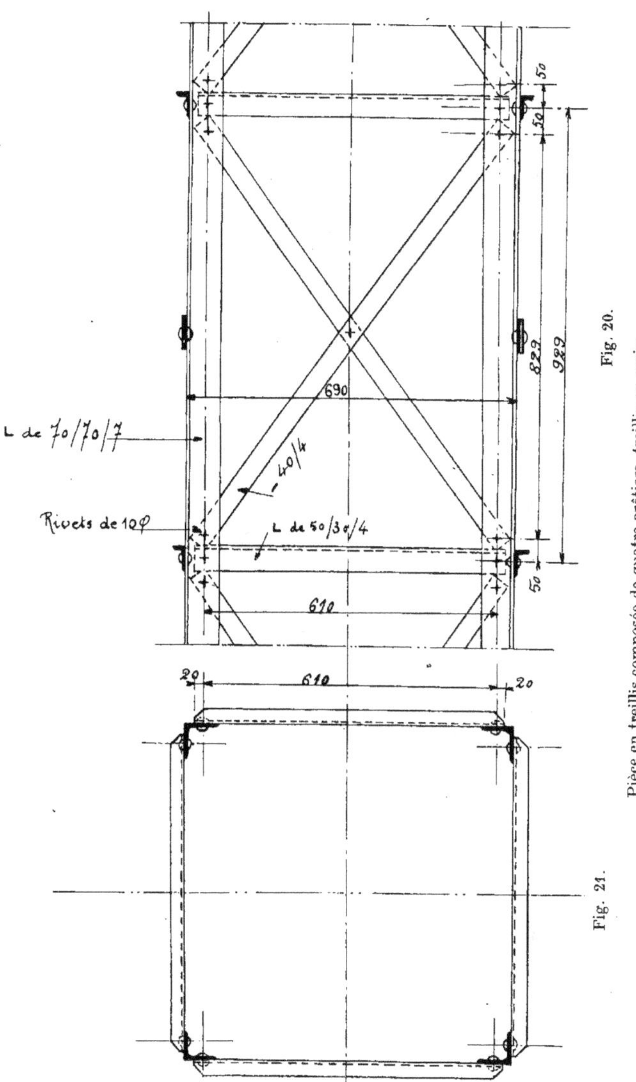

Fig. 20.

Pièce en treillis composée de quatre arêtiers, treillis en croix.

Fig. 21.

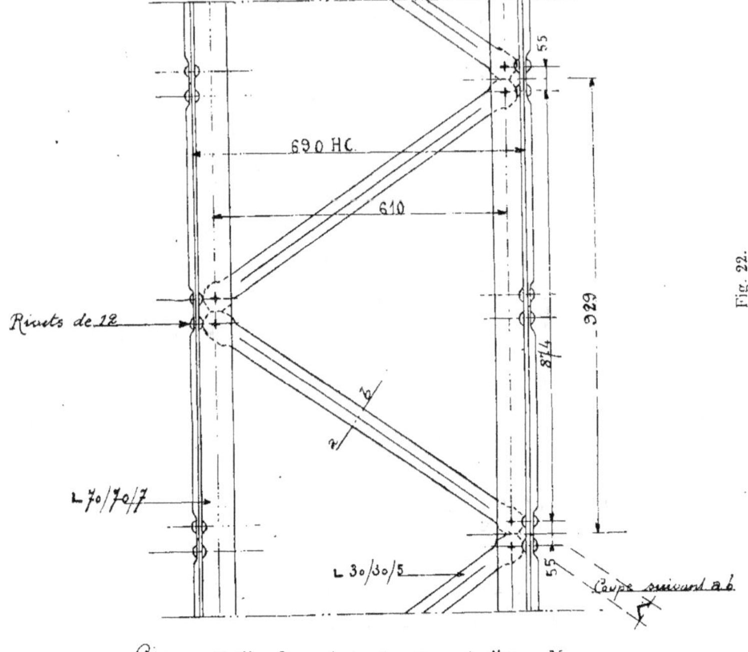
690 HC
610
329
87/4
55
55
Rivets de 12
L 70/70/7
L 30/30/5
Coupe suivant a.b.
Fig. 22.

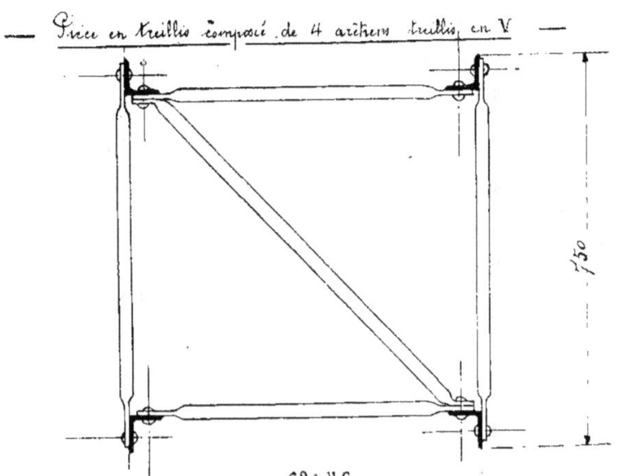
Pièce en treillis composée de 4 aciers treillis en V
690 HC
1/50
Fig. 23.

à l'autre, pour que les rivets nécessités pour les assemblages des barres de treillis avec les arêtiers soient faciles à aborder de l'extérieur, et que le rivetage puisse ainsi être opéré sans difficultés, la forme de la section, telle qu'elle est indiquée par les figures 19 à 21, peut être adoptée.

Mais si les écartements existants entre les arêtiers sont insuffisants, ou si la pièce prend la forme schématisée par la figure 24, dans laquelle lesdits écartements, bien que suffisants dans la partie médiane, ne le sont plus vers les extrémités, il y a lieu d'adopter la forme de section qui est indiquée par les figures 22 et 23. Dàns cette dernière disposition, deux des panneaux constituant les faces opposées sont assemblés les premiers et rivés sur toute leur longueur, tel qu'il est indiqué dans le détail en élévation, puis, ils sont rapprochés dos à dos pour que la constitution définitive soit réalisée par le fait du rivetage, qui est rendu facile, puisque les rivets sont accessibles à l'intérieur de l'aile de la cornière, comme aussi sur les pièces réalisant l'étrésillonnement.

Poussard de chevalement de mine. — Dans le cas d'un poussard de chevalement de mine qui serait libre sur toute sa longueur (fig. 25), il y aurait lieu de faire intervenir le poids propre de la pièce, ainsi que l'effort dû au vent.

Le poids propre de la partie médiane agira suivant la verticale, il pourra être décomposé en deux efforts (fig. 26) :

L'un suivant le sens de la longueur, et qui viendra s'ajouter à l'effort dû à la conception d'ensemble du chevalement ;

L'autre normalement à l'axe longitudinal, ce dernier déterminera un effort de flexion.

L'effort dû au vent agissant sur la partie médiane du dos du poussard, pourra être également décomposé en deux efforts (fig. 27) :

L'un suivant le sens de la longueur, en remontant, dont il sera fait abstraction ;

L'autre normalement à l'axe longitudinal, et qui,

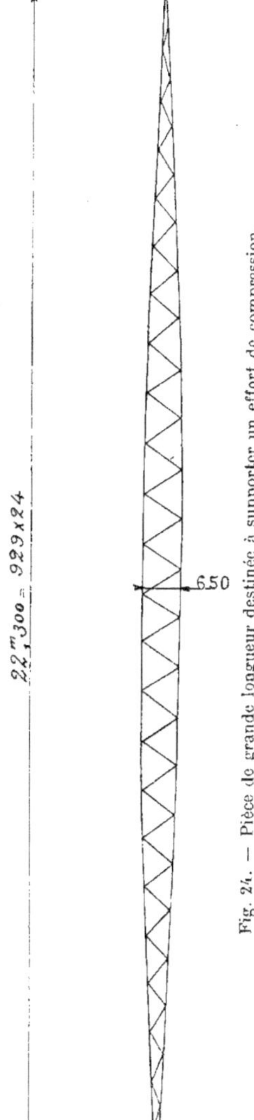

Fig. 24. — Pièce de grande longueur destinée à supporter un effort de compression.

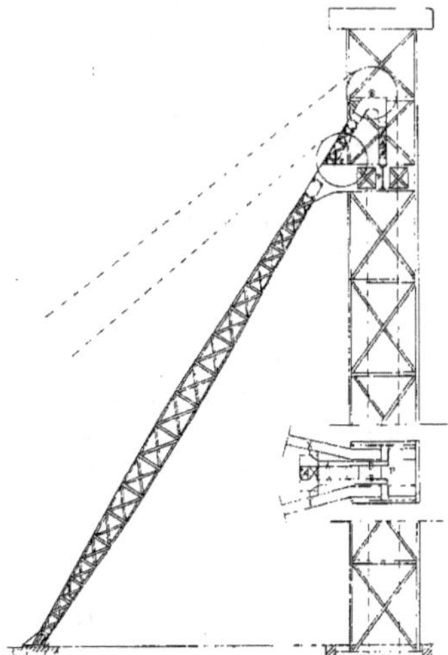

Fig. 25. — Chevalement de mine.

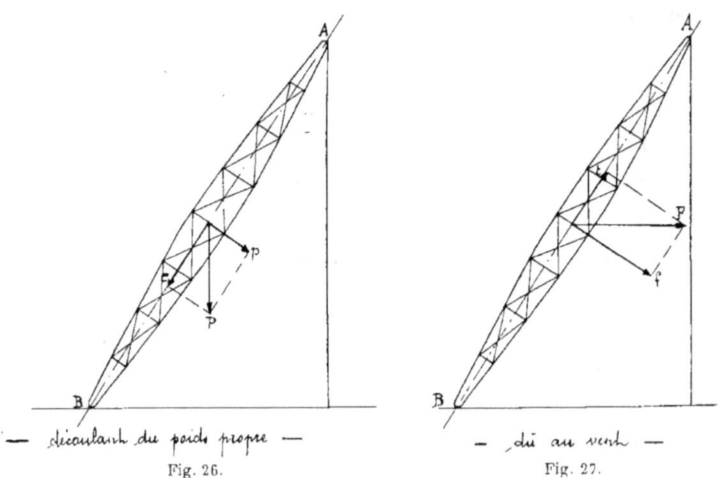

Fig. 26.   Fig. 27.

Poussard de chevalement, décomposition des efforts

comme dans le cas de la composante due à l'action du vent, déterminera un effort de flexion.

Les échantillons essayés pour constituer les arêtiers du poussard devront donc faire l'objet d'une vérification en ce qui concerne la valeur de l'effort par unité de surface de la section, et en outre, il devra être procédé à une vérification de l'ensemble de ladite section, en vue de contrôler la valeur de son moment d'inertie, soit, en fait, effectuer la vérification pour R et pour I.

L'effort par unité de surface dans l'ensemble des quatre arêtiers, du fait de la compression, sera :

$$R_c = \frac{C + c}{4s}$$

C étant l'effort de compression dû à la conception d'ensemble ;

c la composante longitudinale résultant du poids propre de la partie médiane du poussard ;

s la section de chaque arêtier.

Les composantes en flexion motiveront l'égalité :

$$(R_p + R_f)\frac{1}{v} = \frac{(p + f)L^2}{8}$$

d'où :

$$R_p + R_f = \frac{v\,(p + f)L^2}{8I}.$$

Par application de la formule d'Euler, relative à une pièce chargée debout, à extrémités libres, mais guidées, il résultera que :

$$(Bb) \qquad I_c = \frac{(C + c)L^2}{50\,000}.$$

La formule donnant la valeur de $R_p + R_f$ permettra de poser :

$$I_p + I_f = \frac{v(p + f)L^2}{8\,(R_p + R_f)}.$$

$R_p + R_f$ découlera évidemment de $R - R_c$, différence de capacité de résistance par unité de surface restant disponible, donc :

$$I_p + I_f = \frac{v(p + f)L^2}{8\,(R - R_c)}.$$

Le moment d'inertie du poussard, dans le sens normal à la plus grande inclinaison, devra être supérieur à :

$$I_c + I_p + I_f.$$

V

DES ASSEMBLAGES EN GÉNÉRAL

« Les ingénieurs, dit Bouasse, sont pris entre deux désirs contradictoires : mettre le moins de matière possible pour diminuer le prix de revient, éviter l'effondrement qui coûte encore plus cher qu'une bonne construction. »

Il est donc nécessaire d'être maître de ses conceptions si l'on veut s'engager vers la hardiesse dans l'exécution. Une des conditions indispensables pour y arriver est d'étudier scrupuleusement les dispositifs d'assemblages à adopter.

Articulations. — Il est hors de doute que les articulations réalisées à l'aide d'un axe, ou d'une cheville unique, à chacun des sommets de la construction triangulée, représentent la solution logique du problème.

Mais les serruriers, ayant été les prédécesseurs des charpentiers actuels, ont réalisé leurs assemblages à l'aide de superpositions de pièces, d'intervention de goussets, etc.. Les charpentiers ont tout naturellement hérité de l'emploi de ces procédés. Les assemblages dans les charpentes métalliques sont donc exécutés couramment en employant des goussets.

L'utilisation des articulations réelles constituerait à ce point de vue un progrès incontestable. Mais il serait pour cela indispensable que les habitudes de construction prises dans les usines françaises soient très sensiblement modifiées dans ce sens, aussi bien en ce qui concerne les bureaux d'études que pour les agents d'exécution dans les ateliers.

L'habitude de constituer les assemblages à l'aide de goussets étant admise, il est nécessaire que ceux-ci soient réduits au minimum possible d'étendue, afin de déformer d'autant moins la conception triangulaire qui a servi de base à l'étude.

Pour satisfaire à ces conditions, les goussets auront une épaisseur suffisamment forte pour que les rivets employés puissent travailler au plein de leur résistance, et que leur diamètre puisse être aussi élevé que le permet l'épaisseur que possèdent les pièces à assembler. Ces desiderata ont pour but de diminuer le nombre des rivets nécessaires pour assurer la réalisation de l'assemblage, et par suite de condenser celui-ci au maximum du possible.

L'extension non indiquée de l'aire des goussets correspond toujours à un affaiblissement de la résistance dans la construction envisagée.

Il y a avantage à calculer une fois pour toutes la résistance que peuvent présenter les rivets lorsqu'ils sont mis en place. C'est dans ce but que le tableau 4 a été établi. Il tient compte :

a) Du diamètre moyen d'un rivet mis en place dans un trou dont il remplit le vide (colonne 1).

b) De l'épaisseur du métal des pièces qui doivent être assemblées (colonne 2).

c) Il donne la valeur de la résistance d'un rivet travaillant en cisaillement simple (colonne 3), et en cisaillement double (colonne 4).

Le point faible de la résistance que peut présenter un rivet assemblé est, suivant le cas :

A. Son diamètre. — Le rivet étant calculé au cisaillement, avec R = 8.

B. L'épaisseur du métal. — Il faut, en effet, que ledit métal ne soit pas écrasé avant que le rivet ne se cisaille, car dans le cas contraire, c'est l insuffisance de l'épaisseur du métal à assembler qui constitue le point faible. Le tableau 4 est basé sur l'hypothèse d'une capacité de résistance à l'écrasement « en vase clos » de 25 kilogrammes par millimètre carré.

C. Dans le cas de cisaillement simple, il faut que : l'épaisseur, multipliée par le diamètre du rivet et par 25, soit sensiblement égale à la section du rivet écrasé multipliée par 8.

D. Dans le cisaillement double que : l'épaisseur, multipliée par le diamètre du rivet et par 25, soit sensiblement égale à deux fois la section du rivet écrasé multipliée par 8.

E. Si l'épaisseur est trop faible, c'est elle qui détermine la capacité maximum de résistance possible du rivet considéré.

Le tableau 5 indique les écartements auxquels il convient de placer les rivets successifs en vue de la réalisation d'une bonne construction courante, dans le cas où aucune cause perturbatrice influençant ces écartements n'est à envisager.

a) La colonne 4, l'écartement minimum, déterminé par 3 *a″* + 5, est tel que le poinçonnage, comme aussi le rivetage, soient rendus faciles, et que la masse de métal existant entre deux rivets consécutifs soit suffisante.

b) La colonne 5, écartement pour poutres, se rapporte principalement à la construction des membrures des poutres, pour les rivets reliant les cornières à l'âme d'une part, et aux tables de l'autre, et cela de telle sorte que les pièces ainsi réunies forment un tout capable d'assurer la résistance de l'ensemble, par le concours effectif mutuel des pièces qui le composent : la membrure en l'espèce.

Les données de cette colonne sont applicables à des cas analogues à celui des membrures de poutres.

La vérification du nombre de rivets affectés à l'assemblage des pièces de ce genre devrait être faite dans le cas où la longueur de la partie assemblée serait réduite par rapport à la section des dites, comme la théorie l'indique d'ailleurs.

c) La colonne 6, longueur du métal sur côté (laminé non travaillé), se rapporte à la distance minimum du bord d'une aile de laminé (plat, cornière, etc.), à laquelle doit se trouver l'axe du rivet considéré, pour que le « départ » de déchirement ne soit pas à craindre.

Cette même distance pourrait être acceptée dans le cas où la tranche du métal aurait été usinée (par rabotage, ou par fraisage par exemple) d'une façon suffisante pour que la déformation moléculaire produite par l'arrachement, dû à l'action de la cisaille, soit annulée.

d) La colonne 7, largeur du métal en bout (métal cisaillé), s'entend pour la distance minimum entre l'axe du rivet et le bord du métal, dans le cas où ledit bord a été cisaillé, soit par côté, soit en bout, indifféremment.

e) La colonne 8, et la marge (signes), donnent des indications conventionnelles permettant de différencier les diamètres des rivets figurant sur un même dessin d'exécution.

Cornières. — Le tableau 3 se rapporte à l'emploi des cornières dans la charpente métallique, il indique :

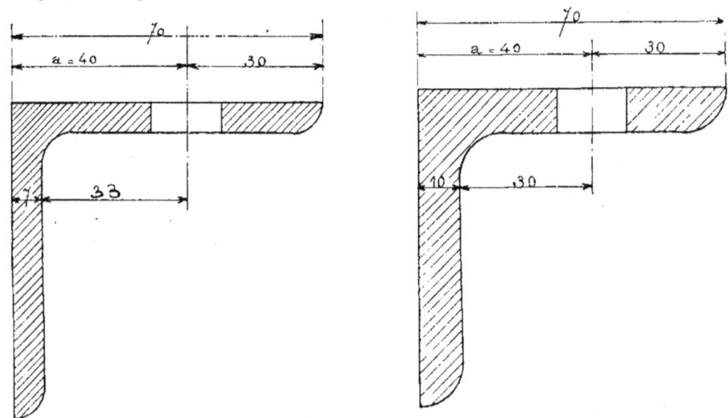

Fig. 28. — Cornière au dixième (charpente).   Fig. 29. — Cornière au septième (chaudronnerie).

a) Colonne 2, épaisseur du métal, jusqu'à quelle épaisseur limite les données des autres colonnes peuvent être appliquées.

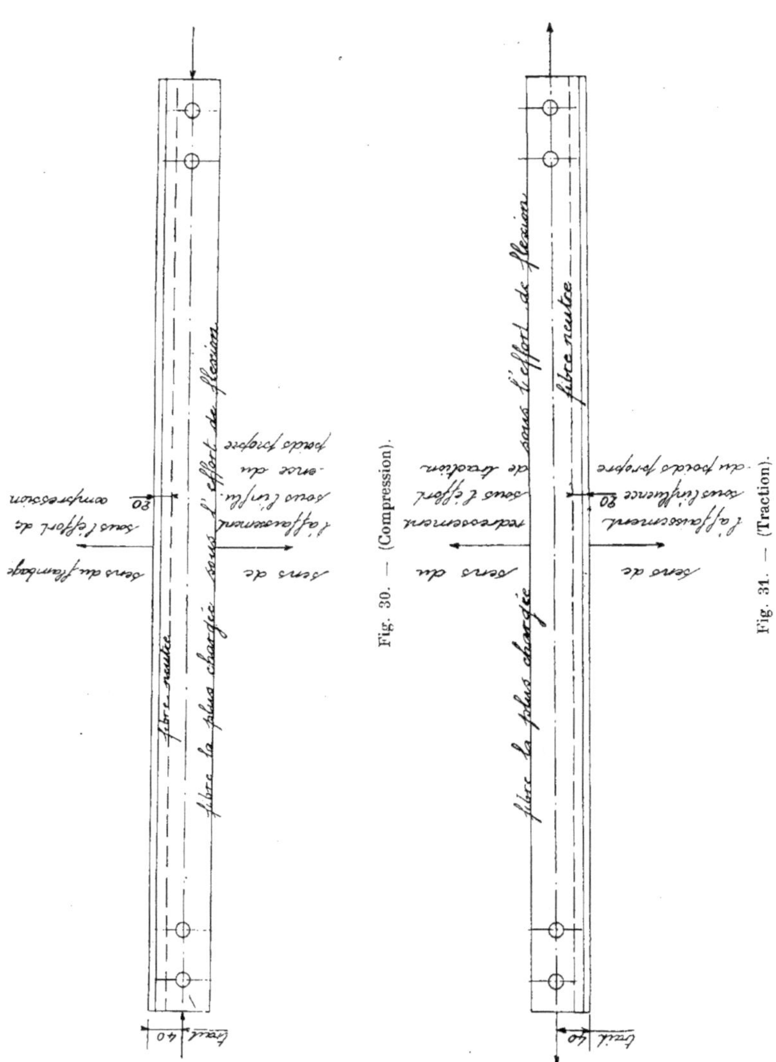

Fig. 30. — (Compression).

Fig. 31. — (Traction).

b) Colonne 3, limite trait, la distance entre la ligne d'axes des rivets et le talon de la cornière, de telle sorte que les axes des rivets se trouvent sensiblement placés au milieu de la largeur intérieure de l'aile de la cornière (fig. 28 et 29).

c) Colonne 4, limite cornière, les échantillons *minima* de cornières à employer d'après les données des colonnes précédentes.

d) Colonne 5, cornière courante limite, les mêmes échantillons à employer d'une façon courante.

e) En bas et à droite du tableau se trouve indiqué de quelle façon doivent être orientées les cornières constituant une charpente triangulée donnée, pour que les « départs » de rupture soient atténués dans la mesure du possible.

Si la barre est soumise à un effort de compression (fig. 30), le talon étant tourné vers le haut, la ligne d'axes des rivets d'assemblage se trouvera au-dessous de la ligne des fibres neutres. Il en résultera un couple tendant au redressement de la cornière vers le haut, couple qui sera antagoniste à la tendance à l'affaissement due au poids propre de la pièce.

Si la barre est soumise à un effort de traction, l'effort contraire sera produit (fig. 31).

Dans tout assemblage, la résistance que présente le gousset, comme continuité d'attache pour les barres à assembler, doit être suffisante, et se calculer d'après la valeur des efforts que ces barres ont à subir.

Il faut et il suffit que la largeur réelle du gousset (les trous de rivets étant déduits) soit telle que, à l'endroit où le maximum d'effort à transmettre se trouve accumulé (suivant la ligne *mn* dans la figure 38 par exemple), étant multipliée par l'épaisseur et par la valeur de R admissible en l'espèce, elle donne la résistance voulue.

Au droit du rivet immédiatement placé après le premier, sur l'une des barres considérée, la section du gousset doit encore être suffisante pour qu'il puisse résister à l'effort dont la barre est capable, en tenant compte que cet effort doit être diminué de la valeur de la résistance qui a été parée par le premier rivet (coupe *ap* de la figure 38 par exemple).

Les mêmes considérations interviennent en ce qui concerne la répercussion de résistance au droit des rivets successifs attachant au gousset la barre considérée.

La résistance des goussets répondant à ces exigences est d'autant mieux assurée que son épaisseur a été prise à une valeur plus élevée, conformément aux recommandations qui ont été faites plus haut.

Coupe des laminés. — Dans les assemblages d'une construction métallique, les barres constitutives doivent être aussi rapprochées que possible l'une de l'autre, sans cependant qu'il en résulte, pour l'atelier, un supplément de travail qui soit exagéré.

Les laminés plats seront coupés vers la pièce qu'ils rencontreront, à une distance suffisante par rapport à l'axe du rivet le plus proche (tableau 5, colonne 7, ainsi qu'il

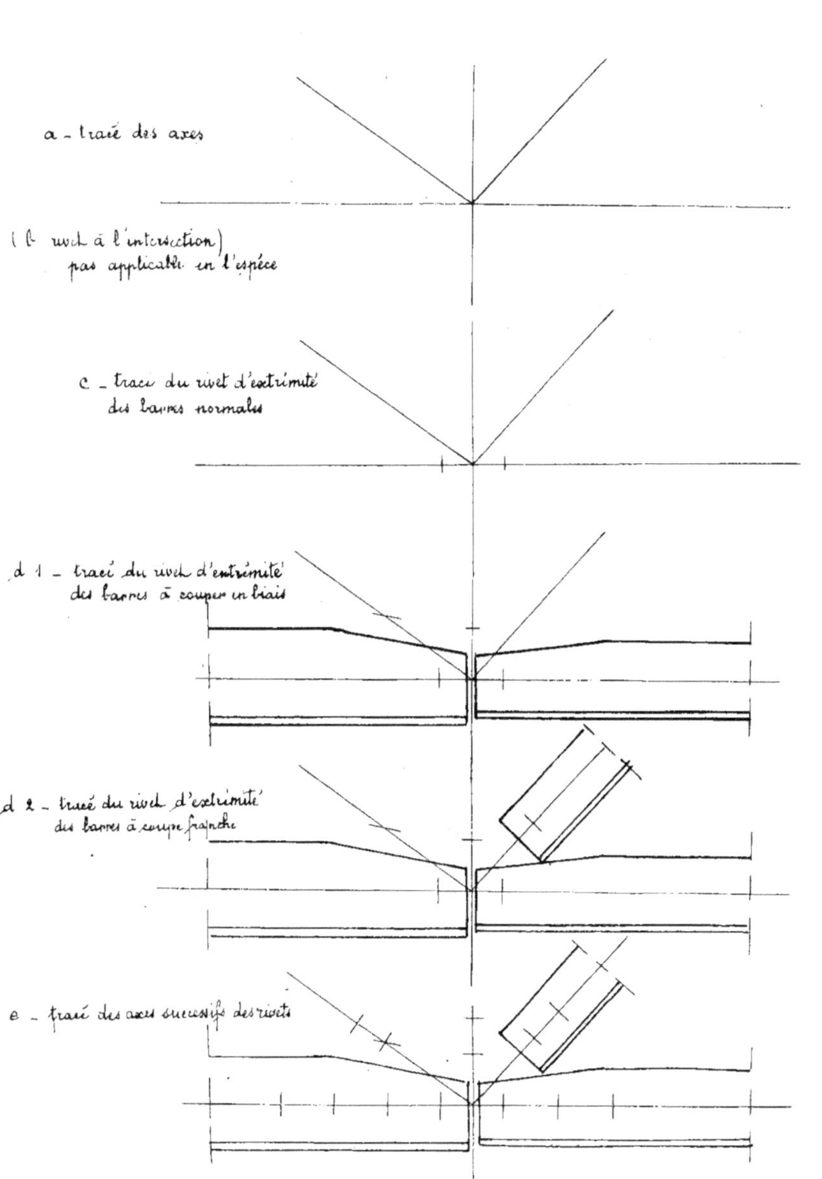

Fig. 32, 33, 34, 35, 36. — Succession des opérations à effectuer pour le tracé d'un gousset.

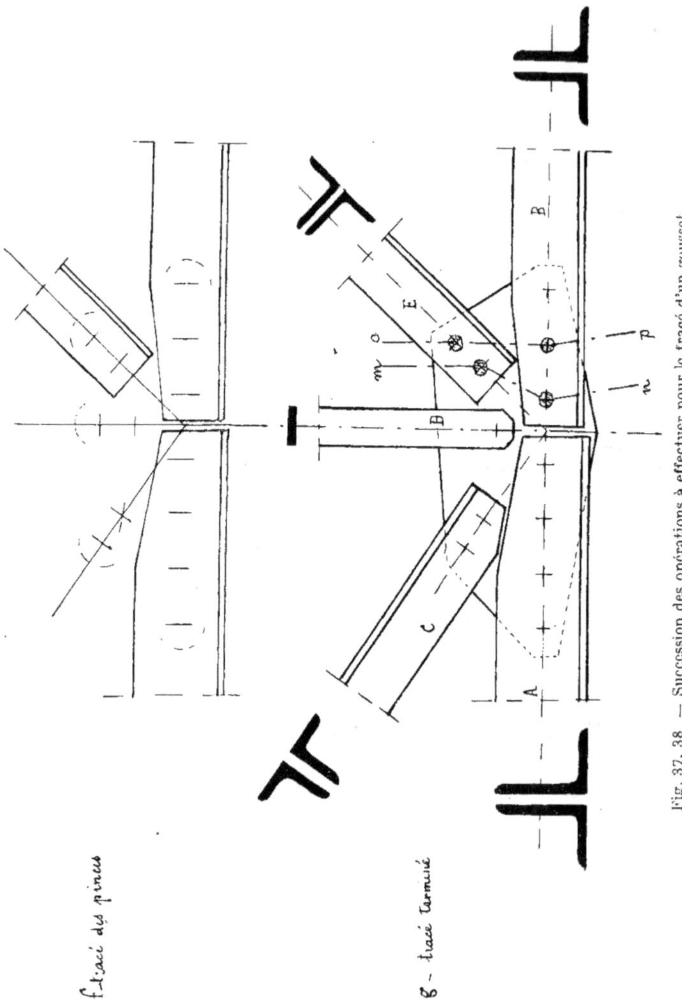

Fig. 37, 38 — Succession des opérations à effectuer pour le tracé d'un gousset.

a été dit. Il en sera de même de l'aile des cornières, ou de celle des tés à plat, partie facilement accessible au travail de la cisaille à tôles.

Mais, par contre, les coupes biaises seront évitées pour les U, le talon des corniè-res, celui des tés, etc., en raison de la sujétion trop onéreuse qui en résulterait pour le travail à l'atelier. Pour ces échantillons, la coupe sera faite normalement à leur lon-gueur (fig. 50 à 61), sans reprise, lorsqu'il s'agit d'U, avec reprise pour l'aile, s'il y a lieu, lorsqu'il s'agit de cornières.

Échantillons de laminés à utiliser. — Le nombre des échantillons de laminés à utiliser dans la charpente métallique doit être réduit au minimum du possible, afin de diminuer l'importance des approvisionnements du magasin, et de simplifier les études. C'est en s'inspirant de cette considération que les tableaux ont été établis. Un choix a été fait en conséquence parmi les laminés dont les échantillons ont été standardisés.

Il en a été de même en ce qui concerne les diamètres des rivets.

Tirants. — Pour la réalisation des barres tendues, les Américains emploient des tirants enroulés autour de l'axe d'articulation (fig. 39 à 43). Ces tirants en laminés, à

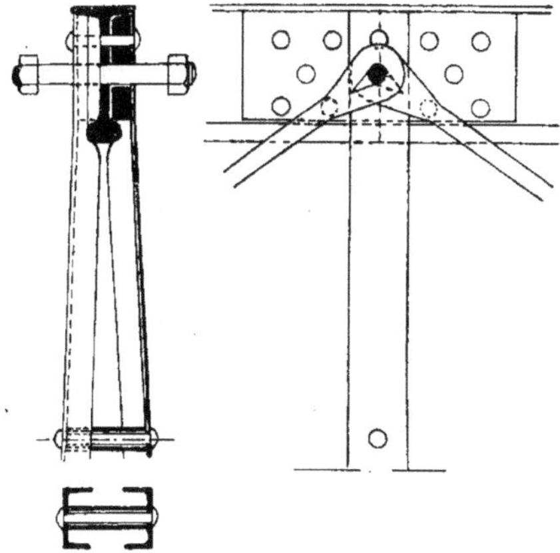

Fig. 39.   Fig. 40.
Articulation réelle au droit des nœuds d'une bielle supportant un arbalétrier de charpente de comble

section carrée, constituent une réalisation logique. Il suffit en effet que la soudure a (fig. 44), soit capable du cinquième de la résistance du carré. Il est possible d'empê-cher le déroulement en utilisant un rivet travaillant au double cisaillement et dont le diamètre est égal à 0,6 du côté du carré du laminé (fig. 45).

Déformations résultant de l'emploi des goussets. — La déformation que font subir les assemblages réalisés à l'aide de goussets, est rendue typique dans le cas

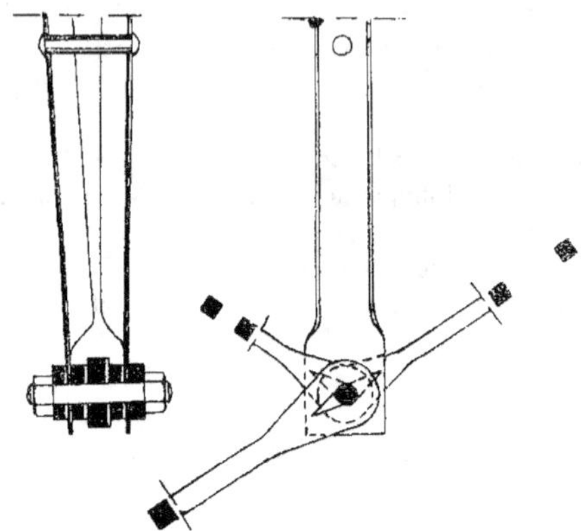

Fig. 41.   Fig. 42.
Articulation réelle d'une bielle supportée par l'entrait d'une charpente de comble.

d'une ferme de charpente de comble se terminant au droit de l'appui par la pointe d'un triangle, telle qu'elle est schématisée (fig. 46).

Sur l'une des fermes de ce type (fig. 47), par exemple, une section verticale, mn, pratiquée vers le sommet du triangle (vers l'appui), ne rencontre que deux barres, qui, par suite de leur flexion élémentaire combinée, peuvent produire l'affaissement de la partie médiane de la ferme.

Il n'en est plus de même dans la partie médiane où une section verticale, op, par exemple, rencontre trois pièces constitutives. Le cas de rencontre de trois pièces est également réalisé dans la combinaison de la ferme schématisée (fig. 48).

Lorsque cette rencontre de trois pièces se produit, la déformation par affaissement vertical ne peut dépasser une importance minime, puisque ledit affaissement n'est possible qu'en raison de l'allongement, ou du raccourcissement, suivant le cas, des barres constituant l'ensemble des deux triangles adjacents considérés.

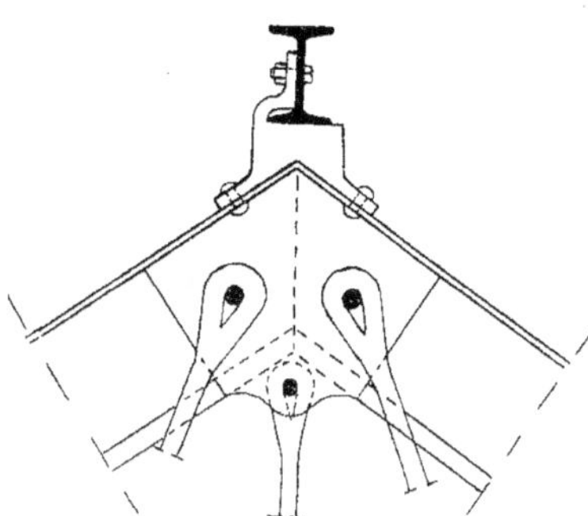

Fig. 43. — Articulations réelles au faîtage d'une charpente de comble.

Mais, dans le cas de la figure 46, la triangulation sur laquelle est basé le calcul pour la détermination des efforts dans les éléments de la construction, se trouve faussée, et l'est d'autant plus que les goussets (et en particulier le gousset d'appui) ont été exécutés avec une aire plus importante.

Au lieu d'un triangle, il existe en réalité un polygone à six pans : $a'\ a''\ b'\ b''\ c'\ c''$, polygone qui est déformable.

Pour effectuer un calcul moins imprécis, en faisant abstraction de l'existence des côtés $b'\ b''$ et $c'\ c''$ dans le polygone, et en réduisant celui-ci à un quadrilatère, il serait possible de considérer successivement les triangles a'BC et a''BC, constitués par l'existence des lignes a'B et a''C. Cela permettrait de déterminer les efforts qui résulteraient dans chacun des triangles, pour les barres réelles (arbalétrier comprimé et entrait tendu) d'une part, et pour les barres supposées, de l'autre.

En réalité, le point où la situation devient critique se trouve au droit du premier rivet de l'attache de l'entrait sur le gousset d'appui, en a'.

La pièce AC se trouve tendue du fait de la composition générale, et par suite de la réaction verticale de l'appui. Cette pièce a une tendance à fléchir sous l'action de la partie médiane de la ferme formant bloc. Le bord de la cornière supporte donc de ce fait un double effort de traction, et comme le rivet en a' se trouve placé, par rapport à la fibre neutre, vers la partie tendue, il en résulte un « départ » de cassure qui peut devenir dangereux dans certains cas. J'ai eu à intervenir à plusieurs reprises, à titre

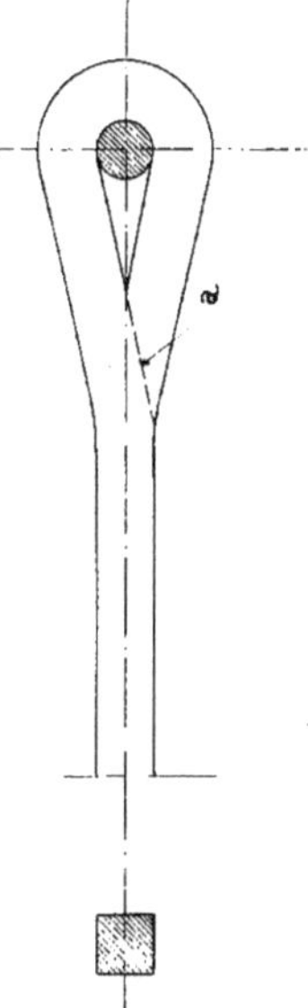

Fig. 44. — Tirant à section carrée, boucle soudée.

d'arbitre ou d'expert, en vue de rechercher les causes de cette déformation et de déterminer les moyens d'y remédier. Des cas de rupture de l'entrait se sont produits. Il est facile de constater que toutes les fermes qui ont été construites dans les conditions

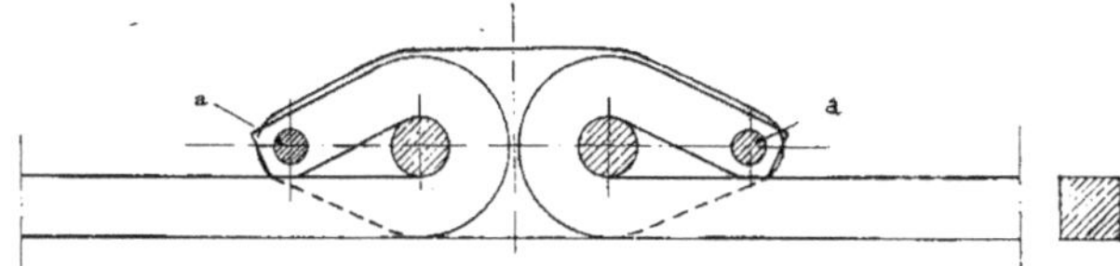

Fig. 45. — Tirant à section carrée, boucles arrêtées par un rivet.

dont il vient d'être parlé, se sont affaissées avec plus ou moins d'amplitude, aussitôt après leur mise en charge, au droit des appuis, et dans les premiers triangles situés vers ceux-ci.

Il est possible de déterminer, d'une façon suffisante pour la pratique, l'importance de l'effort en a'. Si en effet, la réaction de l'appui est décomposée suivant les

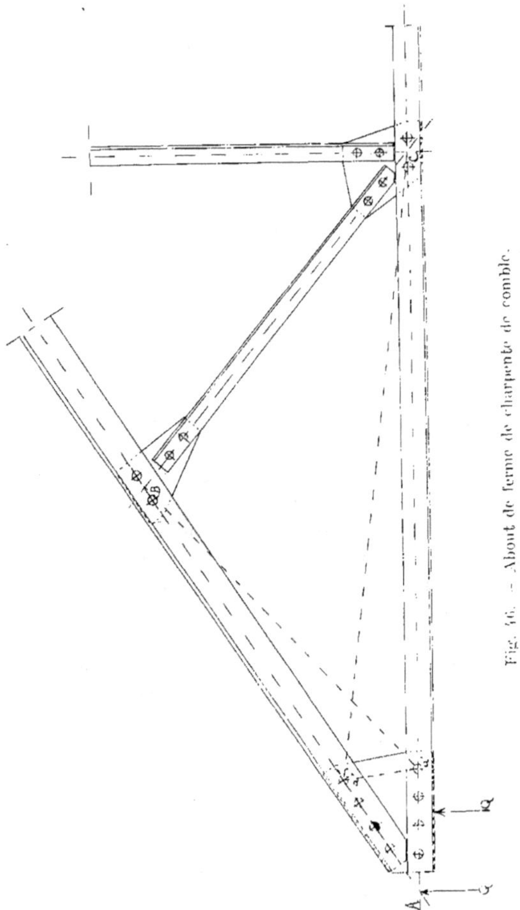

Fig. 46. — About de ferme de charpente de comble.

deux côtés du triangle $Ba''C$ (fig. 49), il en résultera une certaine valeur pour l'effort de traction dans la barre supposée $a''C$. Si la décomposition est faite ensuite suivant la direction $a'C$ d'une part, et dans celle de la normale à ladite de l'autre, cette dernière valeur donnera l'importance de l'effort de flexion auquel la pièce $a'C$ devra parer. Cet effort étant représenté par F, la pièce $a'C$ devra être capable de :

$$\frac{F \times a'C}{2}$$

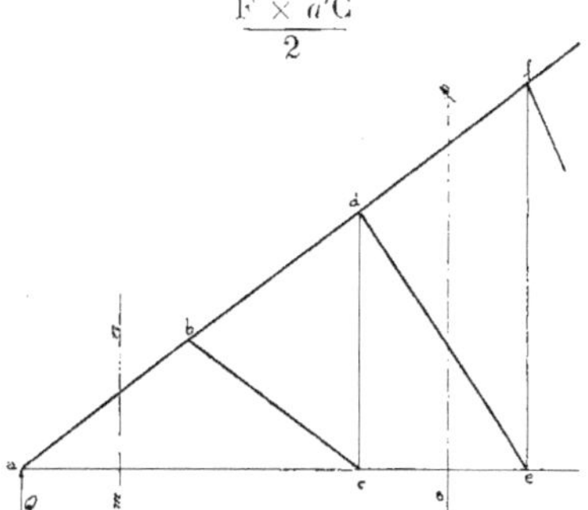

Fig. 47. — Triangulation dans une ferme de charpente de comble avec la pointe d'un triangle au droit de l'appui.

en supposant qu'elle soit semi-encastrée au droit de l'assemblage C, étant donné sa continuité vers la partie médiane.

Il sera facile d'en tirer la valeur de l'effort de traction supplémentaire que devra

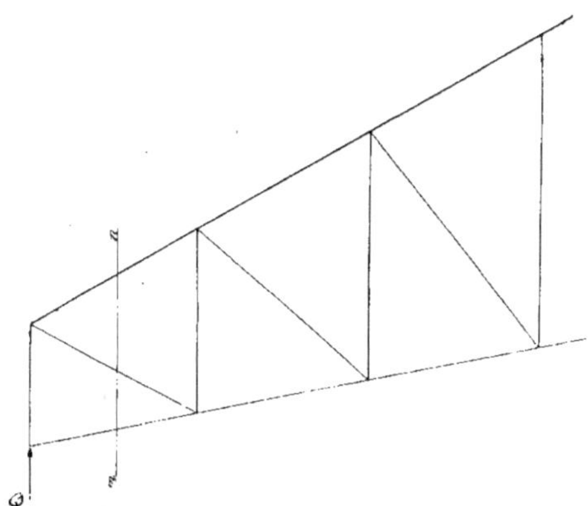

Fig. 48. — Triangulation dans une ferme de charpente de comble avec un trapèze au droit de l'apui.

supporter la fibre extrême de la cornière d'entrait, sur le bord de l'aile, au droit du trou de rivet a', et de fixer l'échantillon de celle-ci en conséquence.

La cause d'affaiblissement ne se produit pas en a'', dans l'arbalétrier, en raison de ce que cette pièce est déjà comprimée du fait de la composition d'ensemble, et qu'elle y est encore au droit du trou de rivet, vers le bord de la cornière, puisque celle-ci tend à fléchir vers le bas.

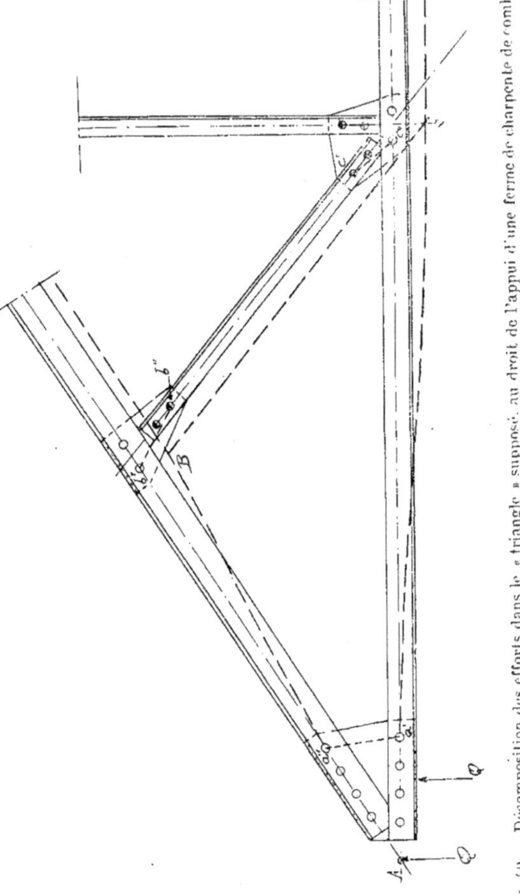

Fig. 40. — Décomposition des efforts dans le « triangle » supposé, au droit de l'appui d'une ferme de charpente de comble

Chaque fois qu'une pièce, qui fait partie d'un système de triangulation, se trouve vers la pointe extrême du triangle isolé, cette considération doit intervenir dans l'étude des détails d'exécution.

Goussets. — Des détails de goussets réalisant l'assemblage des éléments d'une ferme de charpente de comble sont donnés par les figures 51 à 61.

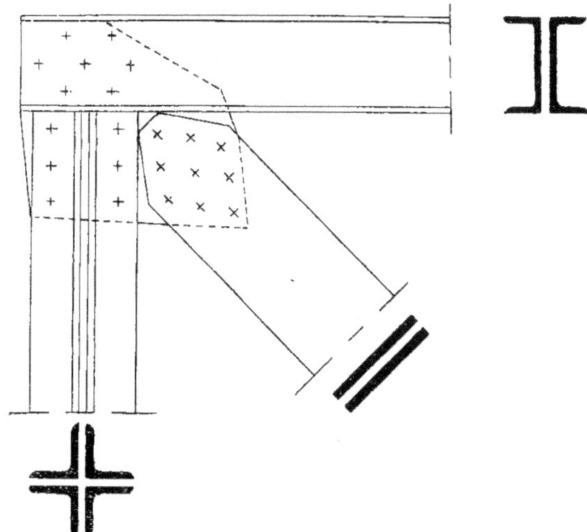

Fig 50. — Assemblage par gousset de la membrure supérieure d'un point au droit de l'appui.

Dans tous les cas, la succession des opérations à effectuer se présentera comme suit (fig. 32 à 38) :

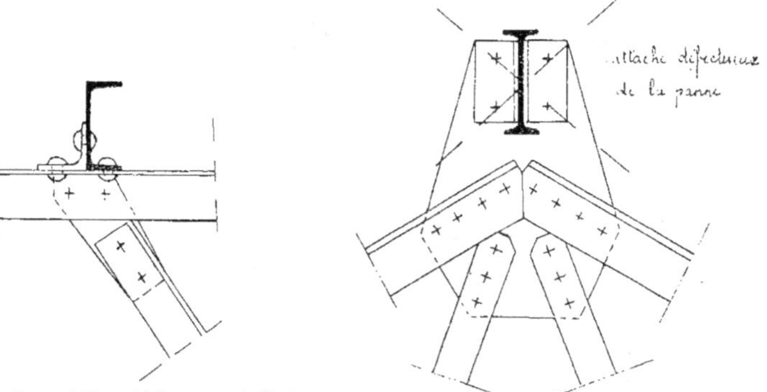

Fig. 51.   Gousset d'une bielle pour arbalétrier
dans une ferme.

Fig. 52.   - Gousset au faîtage d'une ferme.

a Tracer les axes de direction des pièces à assembler ;

b) S'il y a un rivet à placer au point de rencontre (fig. 55, 56 et 61, par exemple), l'indiquer ;

c) Si les barres sont jointives, en prolongement, ou l'une dirigée normalement à l'autre, placer le premier rivet de l'extrémité de chaque barre à la distance voulue

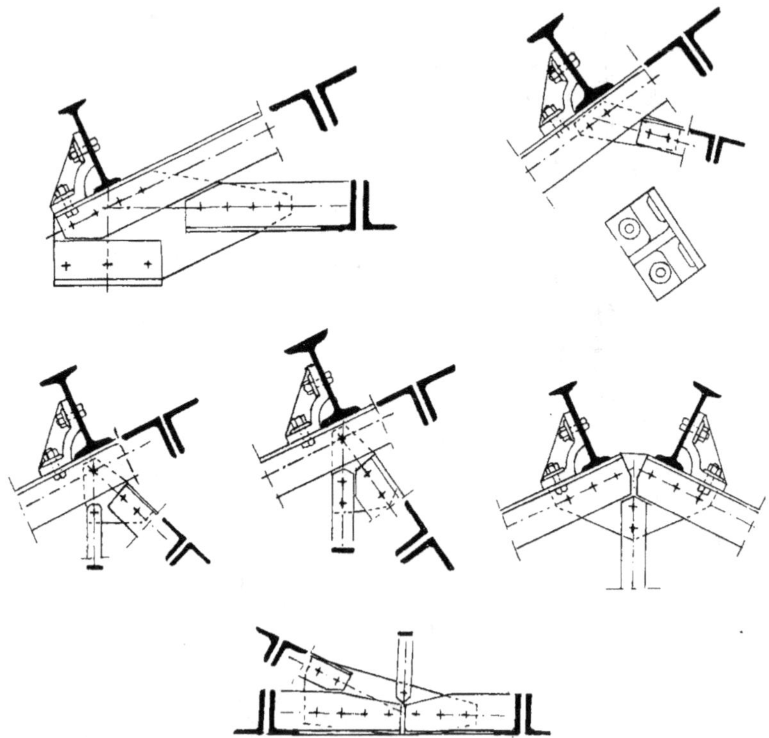

Fig. 53 à 58. — Goussets dans une ferme.

(tableau 5, colonne 7), en ajoutant le jeu prévu (1 millimètre en plus par exemple, de telle sorte qu'il n'y ait pas lieu à reprise d'affranchissement en bout lors du montage) (fig. 57 à 60 et 62, par exemple) ;

d) Si les barres se présentent en biais par rapport aux barres principales, puis pour les barres de troisième ordre en importance, par rapport aux barres de deuxième ordre, et ainsi de suite, l'encombrement des barres prédominantes étant tracé :

*d*1) Qu'il s'agisse d'un plat ou du côté de l'aile de la cornière, il faut placer l'axe du premier rivet à la distance voulue (tableau 5, colonne 7), prise parallèlement à la ligne d'encombrement de la barre d'ordre précédent (plus 1 millimètre de jeu) (fig. 52 et 55 à 60, par exemple).

d2) Qu'il s'agisse d'une cornière ou d'un U côté talon, il faut dessiner l'encom-

Fig. 59 à 60. — Goussets dans l'entrait d'une ferme.

brement de ladite pièce en l'arrêtant, par coupe normale (avec 1 millimètre de jeu à réserver), à la ligne d'encombrement de la pièce d'ordre précédent déjà dessinée, puis placer le premier rivet à la distance voulue de l'extrémité de la barre nouvelle à assembler (tableau 5, colonne 7) (fig. 51, 53 à 56 et 61, par exemple) ;

Voir également la figure 50, se rapportant au gousset du haut d'une poutre de pont, au droit de l'appui.

e) Placer les rivets en nombre prévu, en partant de celui tracé au départ, et les indiquer aux distances voulues (tableau 5, colonne 4) ;

f) Tracer un arc de cercle, avec l'ouverture du compas découlant de la distance voulue, d'après le diamètre du rivet intéressé (tableau 5, colonne 6) ;

g) Le gousset sera découpé suivant le polygone enveloppant, dont les côtés formeront les tangentes communes aux arcs de cercle ainsi décrits, sans s'inquiéter des lignes d'encombrement des barres à assembler, sauf le cas où les tangentes ainsi tracées déborderaient les lignes d'encombrement des barres, dans des endroits où cette

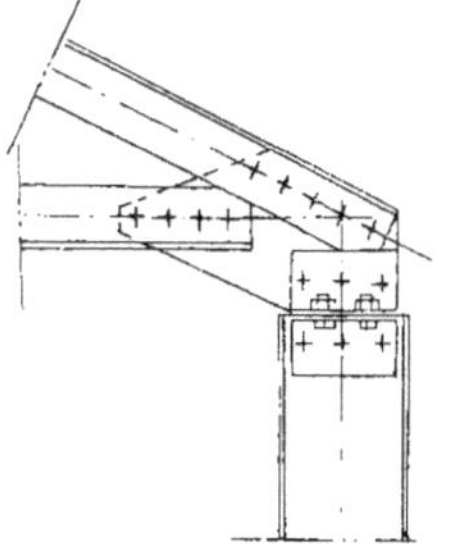

Fig. 61. — Gousset d'une ferme au droit de l'appui sur poteau.

saillie gênerait, pour un assemblage ultérieur à prévoir pour des pièces reposant sur elles (cas analogue à celui de la figure 51 par exemple). Dans ce cas, régler la distance entre l'axe des rivets et le bord du gousset avec 1 millimètre en moins que celle qui existe sur la cornière ou l'U intéressé.

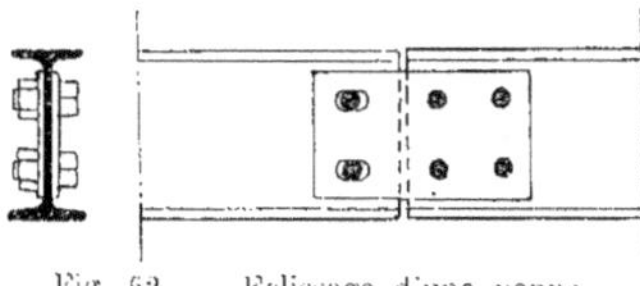

Fig. 62. — Éclissage d'une panne.

Voir aussi le paragraphe *dessins d'exécution.*

Ces principes doivent être appliqués en tout état de cause.

Les exemples suivants peuvent en outre être cités :

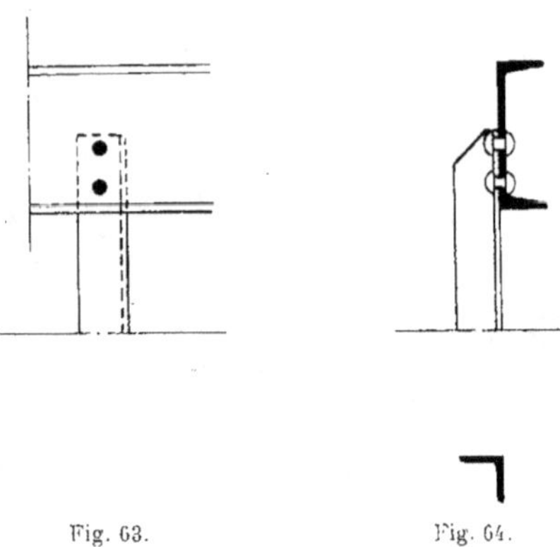

Fig. 63.   Fig. 64.

Bielle-support sur U.

Figures 63 et 64, où il est inutile de prolonger la cornière jusqu'au talon opposé de l'U,

Les figures 65 et 66, où il est inutile de prolonger le gousset,

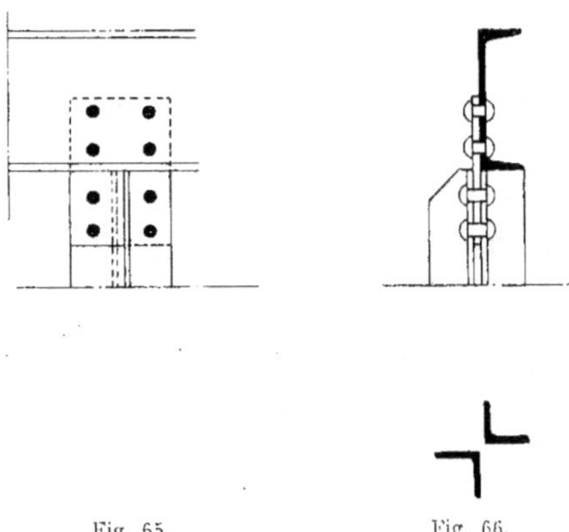

Fig. 65.   Fig. 66.

Poteau supportant un U.

Les figures 67 et 68 (ou figure 62, variante), où la résistance dont l'âme du double té est capable n'a pas à intervenir pour la détermination du nombre des rivets nécessaires à l'assemblage.

Par contre, il faudra éviter de provoquer l'exagération d'un « départ » de cassure,

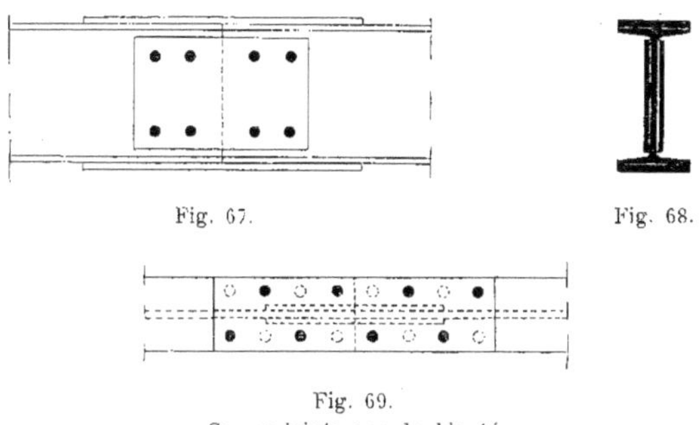

Fig. 67.

Fig. 68.

Fig. 69.
Couvre-joints sur double té.

en mettant deux rivets en face l'un de l'autre sur les ailes d'un double té, sur lequel serait fixé un plat (fig. 69 à titre d'exemple).

Tôle pliée, tracé. — Une tôle d'acier extra-doux (qualité chaudière à prendre de préférence) peut facilement être pliée à 90°, avec un rayon de pliage de la fibre neutre qui soit égal à l'épaisseur du métal en cause.

La distance, sur déplié, entre deux axes de trous qui se trouveront placés sur le dos de l'équerre, est égal à la somme des distances, après pliage, diminuée de une fois et demi l'épaisseur du métal. Dans les figures 70 et 71, on verra que :

$$d \text{ (déplié)} = (d' + d'') - 1{,}5e.$$

Laminés à employer. — Dans une construction métallique, il est indispensable que les différents échantillons de laminés employés soient choisis de telle sorte qu'ils ne présentent pas, les uns par rapport aux autres, des différences trop brutales, soit comme genre de profilés à employer, soit comme importance de section dans lesdits.

Il faut que l'observateur ait l'impression d'un ensemble harmonieux.

Le « style » de la construction envisagée, si l'on peut s'exprimer ainsi, doit se répercuter dans toutes ses parties, et jusque dans les détails les plus infimes.

Il en résultera que les procédés employés pour constituer les assemblages doivent être en harmonie, les uns par rapport aux autres, dans la même construction.

Assemblages à employer. — Le genre d'assemblages à adopter doit être en rapport avec la destination de la construction. Les errements actuels ne tiennent pas suffisamment compte de cette considération. Par exemple les assemblages qui sont employés pour assurer la liaison des longerons avec les traverses extrêmes, dans les véhicules circulant sur voie ferrée, sont souvent identiques à ceux qui réunissent les différentes pièces constituant les travures d'un plancher dans la construction des immeubles. Or, les efforts sont d'importance très différente. Dans le cas d'un véhi-

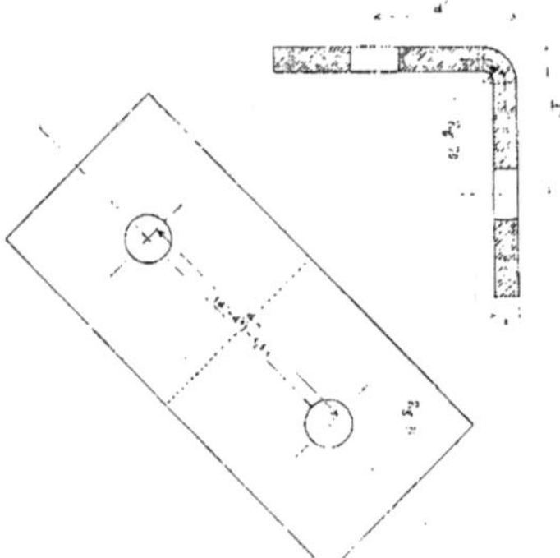

Fig. 70 et 71. — Tracé d'une pièce plate à plier.

cule exposé à des vibrations continuelles et souvent à des chocs violents, les assemblages doivent présenter une réalisation indéniable en vue de sécurité d'emploi. Dans les planchers métalliques par contre, les causes de détérioration sont de très faible importance.

VI

NÉCESSITÉ DE L'EMPLOI DES PROCÉDÉS GRAPHIQUES
POUR LA DÉTERMINATION DES EFFORTS

Procédés graphiques. — La détermination des efforts dans les différentes parties d'une construction triangulée est certainement plus rapidement obtenue par l'emploi des procédés graphiques qu'elle ne l'est par le calcul, lorsque celui-ci est seul utilisé.

Mais la nécessité de recourir à l'emploi des procédés graphiques se fait d'autant mieux sentir que cet emploi permet plus facilement d'éviter l'erreur lourde toujours à craindre. Enfin, et surtout, il donne la possibilité d'obtenir les différents efforts à prévoir dans la même barre, de part et d'autre des nœuds successifs que détermine la triangulation.

Les figures 73 et 74 donnent un exemple réduit par rapport à sa grandeur réelle, de la méthode classique dite de Crémona, appliquée à la détermination des efforts dans les différentes barres d'une ferme de comble.

A remarquer d'abord qu'il est indiqué de se servir des deux côtés du schéma de la ferme, et de porter par exemple à gauche certaines indications (numéro des barres, importances des efforts), à droite, des indications différentes des premières (échantillons des laminés, nombre des rivets à prévoir).

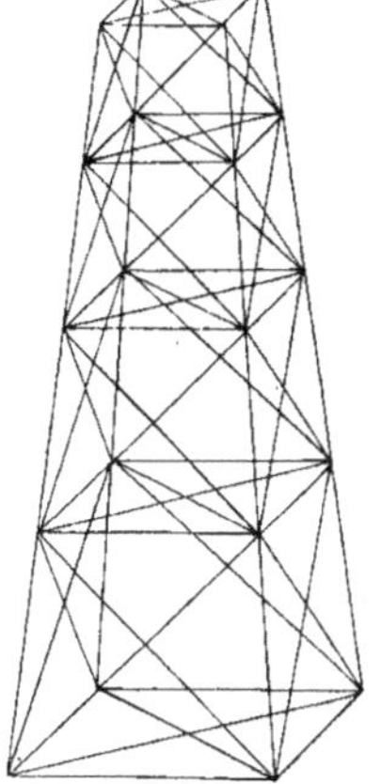

Fig. 72. — Triangulation générale dans une pile à section carrée.

Les efforts auxquels doit parer l'arbalétrier ressortent successivement, en partant de l'appui, à :

16 550 ···· 15 900 — 15 300 — 14 650.

Les goussets qui doivent être attachés aux nœuds successifs seront donc capables, du fait de leur attache, de résister à la variation d'effort au droit du nœud considéré, afin qu'ils ne puissent se déplacer suivant le sens de la longueur de l'arbalétrier.

Si ces goussets ne sont pas retenus par la nécessité de parer à des efforts d'au-

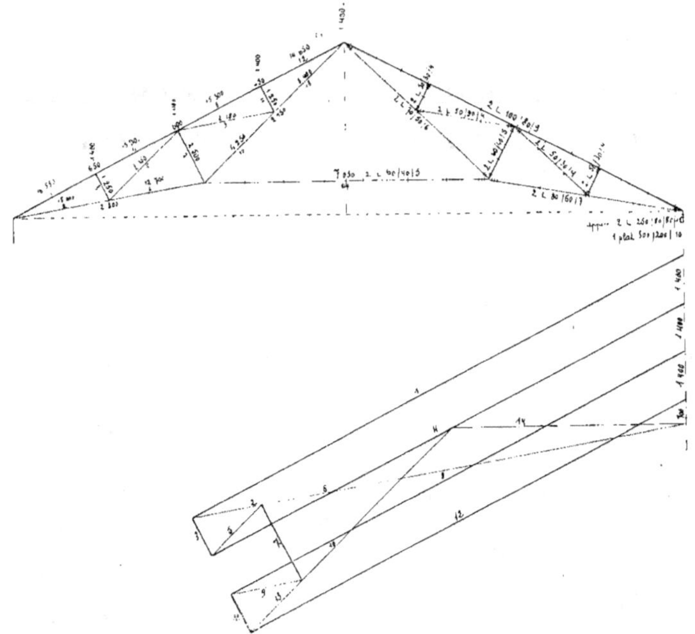

Fig. 73 et 74. — Crémona pour ferme de charpente de comble.

Comble. — Portée : 20 m. 000. — Écartement des fermes : 4 m. 500 ; couverture tuiles. Pente 50 p. 100. — Lattes écartement 330 : **L** 30 30 4 ; chevrons : écartement 800 : **L** 70 50 6 ; pannes : 120 PN.
Ferme. — Goussets principaux : épaisseur : 10 millimètres ; goussets secondaires : épaisseur : 7 millimètres. — Rivets de 18 pour **L** 100 80 3 ; 80 60 7 ; 70 50 6 ; – rivets de 14 pour **L** : 60 40 5 ; 50 30 4.
Échelle 1 centimètre pour 1.650 kil.

tres provenances, il suffira dans le cas envisagé qu'ils soient capables de 650 ou 600 kilogrammes de variation.

Ce dernier effort sera insuffisant dans le cas actuel, en raison de l'existence de la panne au droit de chaque nœud, et du fait que celle-ci transmet à l'arbalétrier (qui doit le transmettre lui-même au gousset), un effort de 1.100 kilogrammes. C'est ce dernier effort qui déterminera ici la valeur à prévoir pour la résistance des rivets.

Au droit des nœuds existant sur l'entrait, il n'y aura à tenir compte que de l'effort possible de glissement, puisque aucune pièce, autre que celles qui constituent la triangulation, n'intervient.

Si l'arbalétrier était exécuté en deux tronçons, avec un joint réalisé au droit de la bielle 7, l'assemblage de la partie basse de l'arbalétrier avec le gousset, devrait parer à un effort de 15 900 kilogrammes, et celui de la partie haute à 15 300 kilogrammes, sans que le gousset formant couvre-joint ait à se préoccuper de résister par lui-même, ou par l'intermédiaire des rivets d'attache, à un effort supérieur à ceux dont il vient d'être question. La résistance maximum dont seraient capables les pièces constituant l'arbalétrier n'aurait pas à intervenir en l'espèce.

Il en serait de même, en ce qui concerne la capacité de résistance du couvre-joint, si le joint se trouvait à un autre endroit qu'au droit d'un nœud. Mais il faut s'interdire absolument de placer des joints de ce genre dans les parties des barres qui sont comprises entre les deux nœuds consécutifs d'une triangulation.

VII

DES POUTRES

———

Poutres. - - Le calcul des poutres permet de déterminer leur composition en se servant de l'application des formules courantes de la résistance des matériaux.

Si ces poutres présentent une certaine importance, elle sont exécutées soit à âme pleine, soit à âme évidée, soit à l'aide d'une conception triangulée. Dans le cas le plus habituel, la poutre repose sur deux appuis, et est destinée à supporter soit une charge unique, soit une charge également répartie sur toute sa longueur.

Dans ces conditions, la membrure supérieure est comprimée, et la membrure inférieure est tendue.

Il est évidemment nécessaire que les deux membrures soient maintenues l'une par rapport à l'autre à une distance invariable. La résistance que doit présenter l'âme contre la déformation doit être suffisante. Cette condition est satisfaite dans le cas où la hauteur libre de ladite âme, prise entre les ailes des cornières, est inférieure à vingt-six fois et demie son épaisseur.

Cette valeur de $26,5e$ (si e représente l'épaisseur de l'âme) résulte de la conception d'une âme pleine, constituée par le fait du rapprochement des deux âmes, dans une poutre primitivement supposée à âme évidée, lorsque le vide se trouverait ainsi être supprimé. La largeur libre de chaque âme évidée serait limitée à $13,25e$, par comparaison avec la limite inférieure d'application de la formule d'Euler, pour des pièces en acier doux, exposées à des efforts de compression, avec un encastrement effectué au droit des cornières d'assemblage, et une extrémité libre au milieu de l'âme de la poutre, si celle-ci était trop haute par rapport à son épaisseur.

Montants. —- Lorsque cette épaisseur est inférieure à la limite indiquée, il y a lieu de renforcer l'âme de distance en distance à l'aide de montants verticaux, et ceux-ci doivent être capables de résister à l'effort tranchant.

Les montants sont considérés comme des pièces chargées debout avec les extrémités libres mais guidées. Le calcul est tributaire de la formule Bb :

$$I_v = \frac{PL^2}{50\,000},$$

appliquée dans le sens normal à la longueur de la poutre.

L'écartement entre deux montants consécutifs est déterminé par l'application de la formule :

$$(F) \qquad\qquad l < \sqrt{\frac{100\,000\,I_v}{C}},$$

dans laquelle :

I_v est le moment d'inertie de la membrure supérieure (comprimée, dans le cas envisagé d'une poutre reposant sur deux appuis), pris dans le sens où agit l'effort de flexion.

C la valeur de l'effort de compression dans la membrure supérieure.

J'ai été amené à établir cette formule d'après les considérations suivantes :

La poutre, bien qu'étant construite avec une âme pleine, est assimilée à une poutre en treillis en N à âme évidée. La partie de l'âme supposée comme étant capable de travailler en liaison intéressée avec les autres pièces constituant la membrure supérieure est limitée à une distance, prise de l'aile des cornières d'assemblage avec les tables, qui doit être égale à treize fois et quart son épaisseur (fig. 75).

La pièce fléchie, dans son ensemble, comporte alors deux membrures, des montants et des diagonales tendues, ces dernières constituées par la partie médiane de l'âme de la poutre.

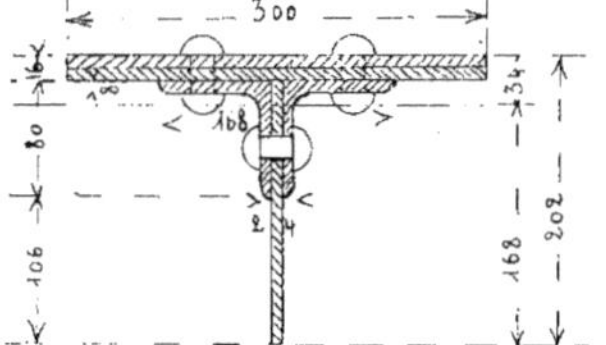

Fig. 75. — Coupe de la partie comprimée d'une poutre pleine.

Cette formule, comme celles que j'ai indiquées par ailleurs, a reçu la sanction de l'expérience, par réalisations effectives suffisamment répétées.

Membrure comprimée. — La membrure comprimée doit être capable également de résister à l'effort qui en provoquerait le flambage dans le plan vertical, en appliquant entre deux montants consécutifs la formule Bb, avec le dénominateur multiplié par deux, en raison de la continuité de ladite membrure qui permet de l'assimiler à une pièce comprimée ayant ses extrémités semi-encastrées :

$$I_v = \frac{PL^2}{100\,000}$$

P représente l'effort de compression dans le tronçon considéré de la membrure supérieure. Si la poutre est à hauteur constante, cet effort est maximum au milieu de la portée.

Membrure comprimée, sens transversal. — La membrure supérieure de la poutre (comprimée dans le cas envisagé de solide reposant sur deux appuis), ne doit pas non plus être exposée à flamber dans le sens transversal.

Mes études m'ont conduit à la schématisation, par une formule permettant de déterminer le moment d'inertie transversal que doit avoir la membrure supérieure pour une poutre reposant sur deux appuis de niveau, avec charge unique au milieu de la longueur :

$$(Ga) \qquad I_h > \frac{PL^3}{2\,600\,000\,h}$$

h, étant la hauteur de la poutre sous les tables.

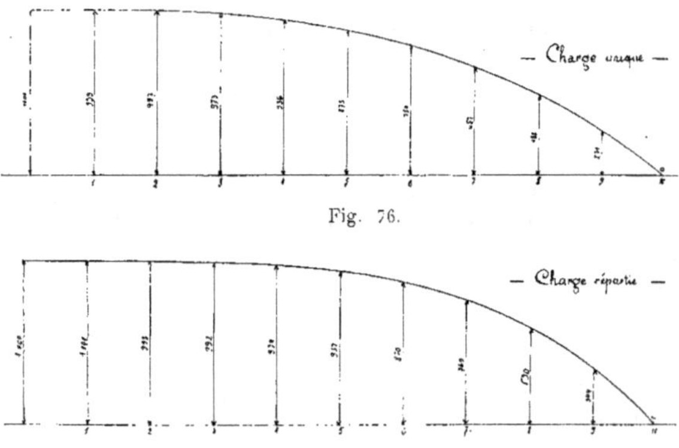

Fig. 76.

Fig. 77.

Pièces fléchies. Membrure supérieure. — Abaque des moments d'inertie nécessaires.

Et pour le cas où la charge est uniformément répartie sur la longueur :

$$(Gb) \qquad I_h > \frac{PL^3}{3\,460\,000\,h}$$

L'application de ces formules fait ressortir l'importance que doit avoir la largeur de la partie comprimée d'un solide fléchi, pour pouvoir résister au flambage transversal.

Les abaques (fig. 76 et 77) permettent de tracer les courbes enveloppantes, en partant du moment d'inertie qui est nécessaire au milieu de la longueur de la pièce, lorsque celle-ci repose sur deux appuis de niveau. La figure 76 se rapporte au cas d'une charge unique, et la figure 77 au cas d'une charge répartie sur toute la longueur de la pièce.

Les figures 78 et 79 représentent, en haut de chacune d'elles, les courbes enveloppantes de la partie comprimée des pièces à section rectangulaire fléchies, encastrées à une de leurs extrémités, et en bas les lignes des mêmes pièces, lorsqu'il n'est tenu compte que de l'application de la formule (D) $M = \dfrac{Rl}{v}$, résultant de l'intervention

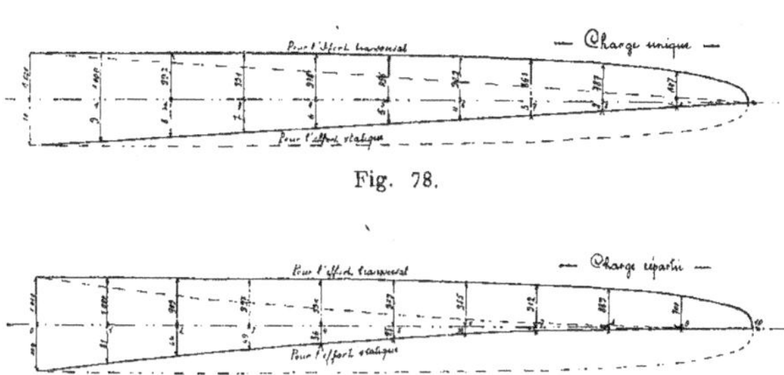

Fig. 78.

Fig. 79.

Pièces fléchies membrures comprimées. — Courbes limitatives de la largeur pour des sections rectangulaires.

de l'effort statique. Dans les figures 78 et 79, il est supposé que la largeur de la pièce comprimée, au droit de l'encastrement, correspond, pour les deux cas :

d'application de l'effort statique d'une part,

et de l'utilisation des formules analogues (Ga) et (Gb) d'autre part.

La largeur du côté du rectangle de section, placé normalement au plan où agit l'effort de flexion, se trouve être en concordance pour satisfaire aux deux cas, d'effort statique et de capacité d'inflexibilité transversale, lorsque les longueurs des pièces des figures c et d sont égales à :

Trente-cinq fois la largeur du côté du rectangle, dans le cas où la charge agit à l'extrémité de la pièce ;

Quarante-neuf fois la largeur, dans le cas où la charge est également répartie sur la longueur (1).

Tables des membrures, épaisseur minima. — Les tables ou lisses ne doivent pas dépasser, pour la largeur de métal existant entre la dernière ligne d'axe des

---

(1) Pour plus amples développements, voir dans le *Bulletin Technologique de la Société des Anciens Elèves des Ecoles Nationales d'Arts et Métiers* mon article, paru en mai 1894, sur « Déformation des solides soumis à des efforts de flexion ».

rivets qui les rattachent à l'ensemble de la construction, et leur bord extrême, treize fois et quart leur épaisseur totale (distance l' de la figure 80).

Si la table est composée de plusieurs larges-plats, le même maximum de liberté des bords est à respecter. Il faut donc que les larges-plats soient reliés entre eux en conséquence.

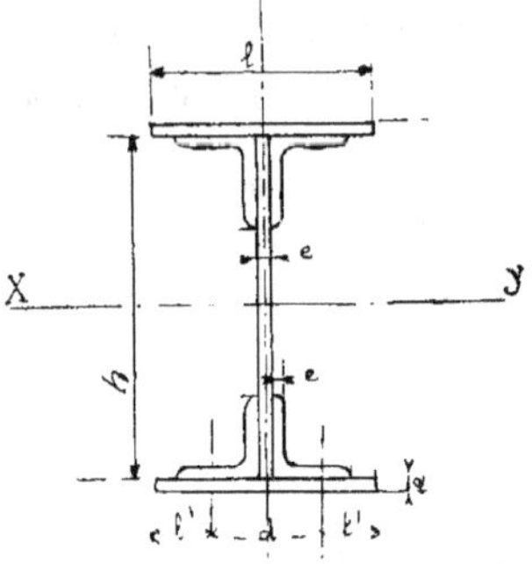

Fig. 80. — Coupe d'une poutre en double té y composée.

APPLICATION

Poutre. — Une poutre de 20 mètres de portée, posée à ses deux extrémités sur deux appuis de niveau, est soumise à l'action d'une charge permanente et uniformément répartie, à raison de 1 300 kilogrammes par mètre courant. La hauteur de la poutre (distance entre les talons des cornières rivées sur l'âme, ou distance entre les premières tables) est égale à 1 mètre. Déterminer les dimensions de cette poutre en s'imposant la condition que le taux de travail de la fibre la plus fatiguée ne soit pas de plus de 10 kgr. 500 par millimètre carré.

Le poids propre de la poutre étant évalué à 200 kilogrammes au mètre courant, le poids effectif à supporter par elle, pour la même longueur, sera donc de 1 500 kilogrammes.

Au milieu de la poutre, le moment fléchissant atteint son maximum.

D'après les données :

$$p = 1\,500 \text{ kilogrammes par mètre courant ;}$$
$$L = 20 \text{ mètres.}$$

$$M_{max} = \frac{1\,500 \times 20 \times 20\,000}{8} = 75\,000\,000 \quad \text{kilogrammes-millimètres}$$

(l'un des nombres indiquant la longueur doit être exprimé en mètres, puisque la charge est indiquée en mètre courant, mais l'autre nombre indiquant cette même longueur doit être porté en millimètres, afin d'obtenir un résultat en kilogrammes-millimètres.)

Le module de flexion qui sera nécessaire à la poutre sera donc :

$$\frac{75\,000\,000}{10,5} = 7\,150\,000.$$

Ame. — L'épaisseur à donner à l'âme, en supposant que celle-ci soit reliée aux tables au moyen de cornières de 80 /80 /8, devrait être égale à 1 000 — (80 × 2), soit 840, divisé par 26,5, soit donc 32 millimètres, pour que le flambage ne soit pas à craindre. Ce chiffre est évidemment inadmissible, il faut fixer une épaisseur au sentiment, en le basant sur l'examen des ouvrages déjà construits. Il y a lieu de prendre une épaisseur de 8 millimètres.

Le moment d'inertie de cette âme sera :

$$\frac{8 \times 1\,000^3}{12} = 667\,000\,000.$$

De même, il est possible de calculer le moment d'inertie des quatre cornières de 80 /80 /8, mais il est plus pratique de se servir d'un des barêmes dont il a été parlé au chapitre III, paragraphe 2 (Valat ou Cros) où se trouvera le chiffre de :

$$1\,110\,000\,000.$$

Le moment d'inertie de l'âme, armée des quatre cornières, sera donc de :

$$1\,765\,000\,000.$$

Cette poutre, ainsi limitée en construction, donnerait comme module de flexion :

$$\frac{1\,765\,000\,000}{500} = 3\,530\,000.$$

Module de flexion. — Le module de flexion des tables devra être supérieur à :

$$7\,150\,000 - 3\,530\,000,\ \text{c'est-à-dire à } 3\,570\,000,$$

puisque la valeur de v (distance de la fibre neutre à la fibre extrême) augmentera avec l'épaisseur des tables superposées, et que $\dfrac{1}{v}$ diminuera.

Il faudra donc, pour le moment d'inertie des tables, un chiffre supérieur à :

$$3\,570\,000 \times 500,\ \text{ou à } 1\,785\,000\,000,$$

ce qui conduira probablement à deux tables de 300 /8.

Il y a lieu de faire la vérification, en tenant compte de la déduction des trous de rivets.

En opérant une coupe par l'axe des rivets fixant les tables sur les cornières, deux rivets seront coupés. En employant des rivets de 18 millimètres de diamètre, les trous destinés à ceux-ci seront de 19 millimètres 2 /10 ; il y a lieu de prendre 19 millimètres pour simplifier, et il faudra alors déduire une bande de 38 /8 dans chacune des cornières, et chacune des tables.

Tenant compte de ce fait, il en résultera pour le moment d'inertie :

$$
\begin{array}{lr}
\text{Ame } 1\,000\,/8 \dotfill & 667\,000\,000 \\
4\ \mathbf{L}\ 80\,/80\,/8,\ \text{trous déduits} \dotfill & 960\,000\,000 \\
4\ \text{lisses de } 300\,/8,\ \text{trous déduits} \dotfill & 2\,160\,000\,000 \\
\qquad\text{Soit } 1 \dotfill & 3\,790\,000\,000 \\
\end{array}
$$

comme $v = 516$,

$$\frac{1}{v} = \frac{3\,790\,000\,000}{516} \dotfill 7\,350\,000$$

qui est supérieur à 7 150 000. Il est indiqué d'adopter cette constitution.

La distance libre des lisses, entre leur bord et la ligne d'axe des rivets, est égale à :

$$\frac{300 - (8 + 46 \times 2)}{2} \quad \text{ou} \quad \frac{300 - 100}{2} \quad \text{ou} \quad 100,$$

elle est donc acceptable, puisque, pour une épaisseur de 8 millimètres, le maximum est de $13{,}25 \times 8 = 106$.

Il serait possible évidemment d'augmenter cette largeur de table, si les deux larges-plats superposés étaient reliés ensemble à l'aide de deux lignes de rivets courant vers les bords. Dans ce cas, en effet, l'épaisseur de la pièce composée serait de 16 millimètres, et la limite par côté, depuis la ligne d'axe des rivets des cornières, serait portée à 212, soit une largeur possible de table de 524, mais il s'ensuivrait que la deuxième table devrait exister d'un bout à l'autre de la poutre, et il est possible de réaliser une économie sur sa longueur.

Membrure comprimée. — Il faut vérifier si la partie supérieure de la poutre, subissant un effort de compression, est suffisante en tant que capacité de réaction au flambage.

Par comparaison avec la limite inférieure d'application de la formule d'Euler pour des pièces en acier doux exposées à des efforts de compression, avec un encastrement et une extrémité libre, il peut être considéré comme invariablement lié à la membrure comprimée, une largeur d'âme égale à 13,25 fois son épaisseur, soit $13{,}25 \times 8 = 106$ millimètres. L'ensemble travaillant en compression sera composé comme l'indique la figure 75. Le moment d'inertie transversal (abstraction faite des trous de rivets) sera, le douzième de :

$$
\begin{array}{lr}
16 \times \overline{300}^3 \dotfill & 432\,000\,000 \\
8 \times \overline{168}^3 \dotfill & 37\,900\,000 \\
72 \times \overline{24}^3 \dotfill & 994\,000 \\
106 \times \overline{8}^3 \dotfill & 54\,300 \\
\hline
& 471\,000\,000 \\
\end{array}
$$

d'où :

$$1 = \frac{471\,000\,000}{12} \dotfill 39\,200\,000.$$

Vérifiant, en employant la formule G*b* de la page 48 :

$$I = \frac{PL^3}{3\,460\,000\,h}$$

il viendra :

$$I = \frac{30\,000 \times 20\,000^3}{3\,460\,000 \times 1\,000} = 69\,500\,000.$$

La valeur du moment d'inertie de la membrure comprimée de la poutre n'est donc pas admissible. Il y a lieu de lui donner une valeur supplémentaire :

69 500 000 — 39 200 000 ou de 30 300 000.

Il y a lieu d'adopter deux cornières de 80 /60 /7, fixées par des rivets de 18, écartés de 218 millimètres environ (soit le double de la distance de la division adoptée pour la rivure de constitution), sous le bord des tables supérieures, le talon des cornières arrasant ledit bord. Le moment d'inertie des 2 **L** en question donne 32 600 000.

Pour obtenir la position du centre de gravité de la membrure comprimée de la poutre dans le plan vertical normal à la longueur, il faut opérer de la façon suivante (abstraction faite des trous de rivets).

En prenant pour ligne d'axe de rotation la tranche de la table supérieure, il en résulte :

		Sections				Couples
300	× 16	4 800	×	8		38 400
168	× 8	1 345	×	20		26 900
72	× 24	1 730	×	60		104 000
106	× 8	848	×	149		126 500
		8 720				296 000

le centre de gravité sera placé à une distance de la tranche de la table égale à :

$$\frac{296\,000}{8\,720} \text{ soit } 34 \text{ millimètres.}$$

Le moment d'inertie deviendra le tiers de :

300 × $\overline{34}^3$	11 800 000	
16 × $\overline{62}^3$	3 800 000	
8 × $\overline{168}^3$	14 200 000	
	29 800 000	29 800 000
132 × $\overline{18}^3$	770 000	
144 × $\overline{10}^3$	144 000	
	914 000	— 914 000
		28 900 000

d'où :

$$I. = \frac{28\,900\,000}{3} = 9\,630\,000.$$

Remarque. — Il est possible d'effectuer les opérations indiquées ci-dessus en se servant des logarithmes, mais il est plus expéditif de se servir, pour les carrés et les cubes, de la table de Claudel (qu'il faut faire relier), par exemple (Dunod, Éditeur), qui donne :

1º Les carrés et les cubes jusqu'à 10 000 ;

2º Les longueurs de circonférences et des surfaces de cercle jusqu'à 1 000 ;

3º Les valeurs naturelles des expressions trigonométriques des angles de minute en minute ;

et d'utiliser ensuite la règle à calcul (prendre de préférence la règle Béghin).

Couple (1) de vérification. — Il est possible de procéder à une vérification de la résistance de la poutre, en faisant intervenir, d'une part le couple du côté de l'action des forces extérieures, et d'autre part le même couple du côté de la réaction de la poutre elle-même. Si la charge appliquée l'était uniquement au milieu de la longueur de la pièce, le couple du côté de l'action serait :

$$15\ 000 \times 10\ 000.$$

La charge étant répartie sur toute la longueur, il intervient une décharge dudit couple du côté de l'action égale à la moitié de la valeur ci-dessus, ledit couple est donc de ce côté pour le cas actuel :

$$\frac{15\ 000}{2} \times 10\ 000 \text{ ou } 75\ 000\ 000,$$

c'est-à-dire ce qui a été trouvé par l'application de la formule motivant le module de flexion.

Le couple du côté de la réaction est représenté par la résistance des deux masses constituées par les membrures supérieures et inférieures. Les centres de gravité de ces deux masses agissant à une distance de :

$$1\ 000 \div 8 \times 4 - 34 \times 2 \text{ ou } 964,$$

leur section respective est de 8 720 millimètres carrés brut, chiffre duquel il y a lieu de déduire six sections de trous de rivets, soit $19 \times 6 \times 8$, ou 912 ; il reste donc 8 720 — 912 ou 7 800.

---

(1) Couple est employé ici dans un sens qui est étendu, par rapport à celui où l'a pris Poinsot, au cas de deux faces agissant dans une direction perpendiculaire l'une à l'autre, sur les deux branches d'une équerre de mouvement de sonnette, celle-ci ayant son articulation en concordance avec le centre de gravité de la poutre.

Leur capacité de résistance est :

$$7\,800 \times 10,5 = 82\,000,$$

et le couple de réaction :

$$82\,000 \times 964 = 79\,000\,000.$$

Montants. — Il faut employer la formule F (voir page 47),

$$l < \sqrt{\frac{100\,000\ I_v}{C}},$$

pour vérifier l'écartement entre les montants. Cet écartement sera fixé au sentiment à 2 m. 500, afin de faire correspondre ces montants avec les joints des tôles formant l'âme. Ces tôles auront par conséquent 5 000 /1 000 /8.

Il viendra :

$$2\,500,\ \text{qui doit être plus petit que } \sqrt{\frac{100\,000 \times 9\,630\,000}{77\,800}},$$

(77 800 découle de la division du moment des forces extérieures, 75 000 000, par le bras de levier de la réaction, 964) ou que 3 490, ce qui est.

Ledit montant doit pouvoir supporter en compression 15 000 kilogrammes maximum (au droit des appuis) ; le tableau 13 indique que quatre cornières de 70 /70 /7 peuvent réagir au plein sur un mètre de longueur, et supporter 39 000 kilogrammes en travaillant à 10 kgr. 500 ; deux cornières (une de chaque côté de la poutre), seront donc largement suffisantes, puisqu'elles permettraient 19 600 kilogrammes (au lieu de 15 000 nécessaires), si elles étaient jointives. Mais elles seront écartées de 24 millimètres au talon, du fait qu'il sera placé une fourrure de 8 millimètres entre la cornière et l'âme de la poutre, afin que les cornières de 70 /70 /7 soient rivées sur les ailes des cornières de 80 /80 /8, constitutives de l'ensemble. Dans le sens de la longueur de la poutre, il n'y a pas à se préoccuper du flambage, puisque les montants seront rivés sur l'âme. Il suffira de placer sur les montants ne correspondant pas aux joints, des rivets de même diamètre (18 millimètres), que ceux déjà employés, à 150 millimètres environ d'écartement, soit :

$$\frac{1\,000 - 46 \times 2}{6} \quad \text{ou} \quad \frac{908}{6} \quad \text{ou} \quad 151\frac{3}{10}.$$

Ame. — L'épaisseur de l'âme doit être telle que l'on ait :

$$e > \frac{4h\mathrm{R}}{9\mathrm{T}},$$

dans laquelle :

T est l'effort tranchant maximum,
h la hauteur de la poutre hors cornières,
R le chiffre admis comme résistance par millimètre carré de section de métal.
Dans l'exemple présent :

$$T = 15\,000$$
$$h = 1\,000$$
$$R = 10,5$$

Il faudra donc :

$$e > \frac{9 \times 15\,000}{4 \times 1\,000 \times 10,5} \quad \text{ou que 3.}$$

Rivets. — Les rivets fixant les cornières constitutives à l'âme, comme aussi aux tables, doivent être en nombre suffisant pour que les pièces ne puissent pas glisser l'une par rapport à l'autre, et afin qu'elles reprennent successivement les efforts (compression ou traction), transmis par l'âme aux cornières, et par celles-ci aux tables.

L'effort dont les tables et les cornières sont capables, est de :

$2\,(300 - 19 \times 2)\,8 \times 10,5$	ou $22\,000 \times 2$	44 000
$2\,(80 - 8 + 80 - 19)\,8 \times 10,5$ ou $11\,150 \times 2$		22 300
Soit		66 300

Un rivet de 18 en double cisaillement, dans une épaisseur de 8, est capable de 3 840 kilogrammes (voir tableau 4), il faut :

$$\frac{66\,300}{3\,840} \quad \text{ou} \quad 18 \text{ rivets,}$$

sur la longueur de 10 mètres, soit deux rivets au mètre courant. Il en faudrait moins pour attacher les tables aux cornières. Il n'y a donc lieu de faire ce calcul que dans le cas où la poutre est très courte.

En pratique, il est adopté comme écartement environ six fois le diamètre du rivet, soit $18 \times 6 = 108$ (voir tableau 5, colonne 5).

Il sera donc adopté vingt-trois divisions sur 2 m. 511 1/2, soit un écartement de 109 millimètres environ, ce qui est acceptable.

Tables. — La première table s'étendra sur toute la longueur de la poutre, afin de ne pas diminuer la largeur en plan de la pièce assemblée, mais pour la deuxième, il n'est pas utile qu'il en soit ainsi, il suffit qu'elle existe vers le milieu, et lorsque sa résistance est nécessaire.

Pour déterminer la longueur de cette seconde table, comme d'ailleurs des tables

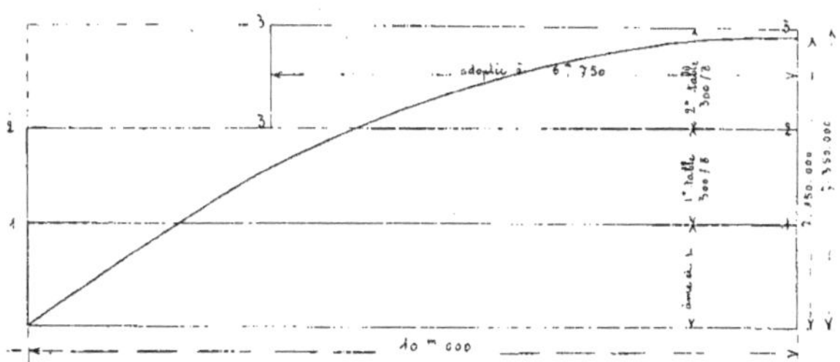

Fig. 81. — Détermination de longueur des tables dans une poutre composée pleine.

successives, si la construction en comportait en plus grand nombre, il est indiqué de tracer le diagramme des moments fléchissants (fig. 81).

Il sera tracé une ligne OB, représentant à une échelle convenablement choisie la demi-longueur de la poutre. Au point B sera élevée une ordonnée BA, représentant, à une autre échelle, la valeur du module de flexion nécessaire, qui dans le cas présent est **75 000 000**.

Il sera tracé ensuite parallèlement à OB, et successivement, des lignes limitant la valeur du module de flexion, d'abord en 1, correspondant à celle de l'âme et des quatre cornières, en 2, à celle de la poutre avec une table, et, en 3, à celle de la poutre avec deux tables.

Il sera tracé le diagramme des moments fléchissants ayant A comme sommet, BA comme axe, et passant par le point O ; la rencontre de ce diagramme avec la parallèle 2, donnera la longueur de la deuxième table.

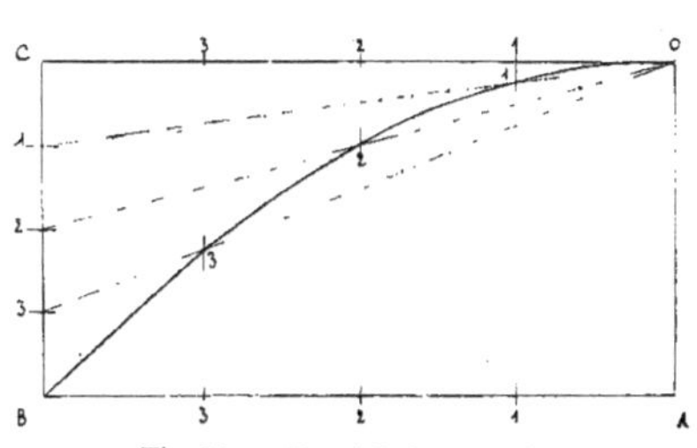

Fig. 82. — Tracé de la parabole.

Remarque. — Pour le tracé de la parabole, le moyen le plus expéditif est d'employer le parabolographe. A défaut de cet instrument, le tracé le plus pratique est le suivant (**fig. 82**) :

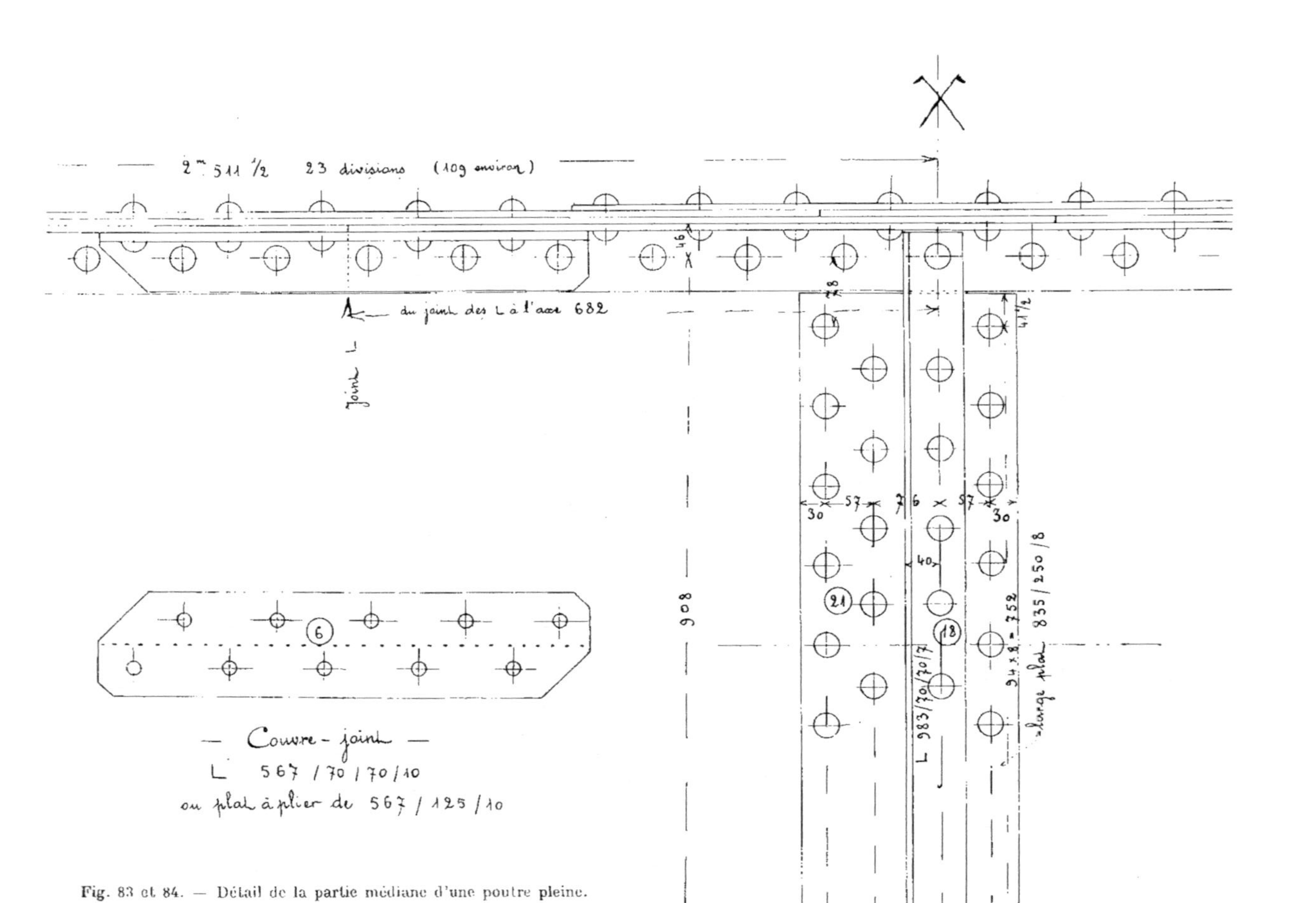

Fig. 83 et 84. — Détail de la partie médiane d'une poutre pleine.

Compléter le rectangle en tirant OC et BC.

Diviser les lignes OC et BC en un même nombre de parties égales, joindre le point O aux différentes divisions de CB, tirer des parallèles à OA par les points de division de OC, faire passer la parabole par les points de rencontre successifs des séries de traits ainsi tracés.

Couvre-joints. — Les cornières de 80 /80 /8, comme aussi les tables, ne peuvent être laminées d'une seule pièce. Dans le cas actuel, il est possible de constituer chaque pièce en deux longueurs. Le joint sera fait vers le milieu de la poutre, et les couvre-joints devront pouvoir supporter les mêmes efforts que les pièces qu'ils réunissent.

Pour les couvre-joints des cornières de 80 /80 /8, il faut employer des cornières de 70 /70 /10, ayant le talon arrondi, ou des tôles pliées à la même forme. La section d'une cornière de 80 /80 /8, avec un trou de rivet déduit, donne :

$$80 \; - \;\; 8 \text{ ou } 72$$
$$80 \; - \; 19 \text{ ou } 61 \qquad 133 \times 8 = 1\,065,$$

le couvre-joint de 70 /70 /10, dans les mêmes conditions, donne :

$$70 \; - \; 10 \text{ ou } 60$$
$$70 \; - \; 19 \text{ ou } 51 \qquad 111 \times 10 = 1\,110.$$

Pour le nombre des rivets à employer, il faut déterminer l'effort dont la cornière est capable :

$$1\,065 \times 10{,}5 = 11\,200 \text{ kilogrammes.}$$

D'après le tableau 4, le rivet de 18, en simple cisaillement, peut supporter 2.320 kilogrammes. Le nombre de rivets nécessaire est de :

$$\frac{11\,200}{2\,320} = 5.$$

Voir figures 87 à 89.

Le couvre-joint des tables sera de la même dimension que le large-plat constituant la table elle-même, soit 300 /8. La capacité de résistance de la section est :

$$(300 - 19 \times 2)8 \times 10{,}5 \text{ ou } 22\,000 \text{ kilogrammes,}$$

et le nombre de rivets :

$$\frac{22\,000}{2\,320} < 10.$$

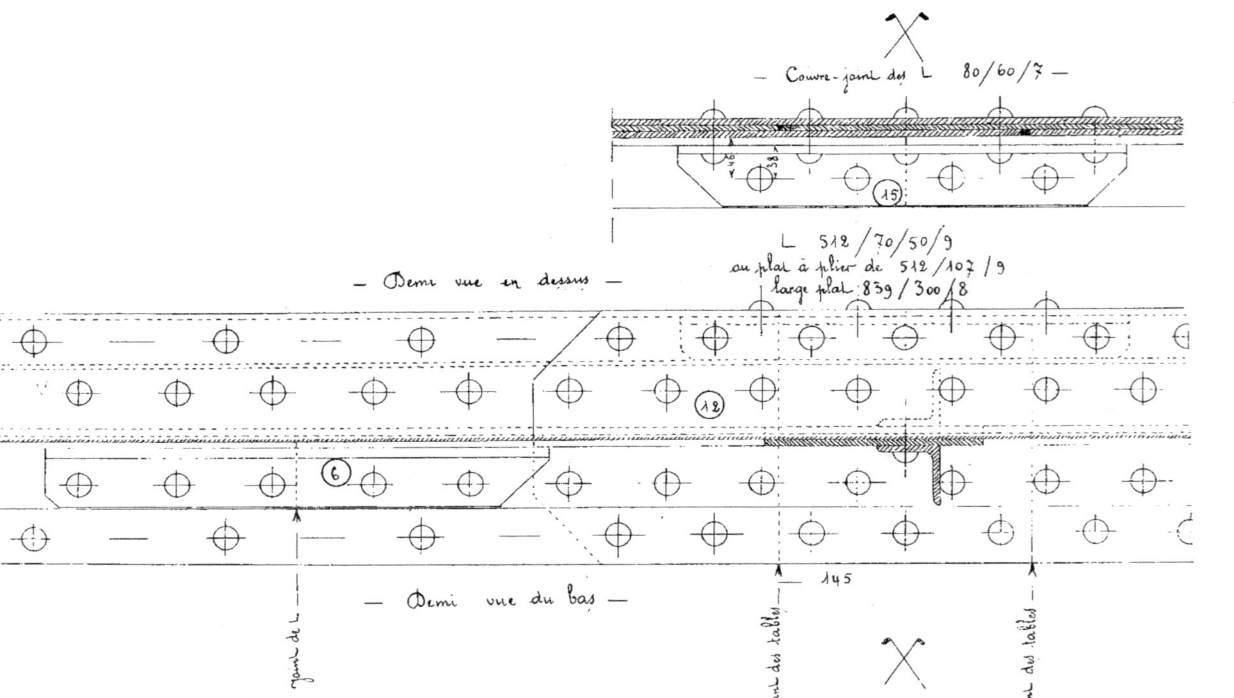

Fig. 85 et 86. — Détail de la partie médiane des tables d'une poutre pleine.

Les joints seront croisés (fig. 85 et 86), de telle sorte que le couvre-joint serve successivement à chacune des tables. Pour l'assemblage du couvre-joint, en dehors des deux lignes de rivets correspondant aux cornières, deux autres lignes pourront être tracées vers les bords, l'utilisation de ces quatre lignes permettant de diminuer la longueur du couvre-joint (fig. 83 et 84). Les couvre-joints des âmes auront 8 d'épaisseur, de telle sorte qu'ils servent de fourrures aux cornières de 70 /70 /7, formant montants de renforcement.

Le nombre de rivets se déterminera d'après la nécessité de compenser la résistance dont l'âme est capable, pour sa section diminuée des trous de rivets, par la résistance desdits rivets au double cisaillement :

$$(h - nd)e\mathrm{R} = nr,$$

h étant la hauteur de la poutre (hors cornières) hauteur de l'âme.
n le nombre de rivets de chaque côté du couvre-joint,
d le diamètre des rivets,
e l'épaisseur de l'âme,
r la résistance d'un rivet au double cisaillement.
il s'en déduit :

$$n = \frac{he\mathrm{R}}{r + de\mathrm{R}},$$

dans le cas actuel :

$$n = \frac{1\,000 \times 8 \times 10{,}5}{3\,840 + 19 \times 8 \times 10{,}5} < 16.$$

Ce qui nécessitera une double rangée de rivets de chaque côté du couvre-joint. La largeur de celui-ci sera donc (voir tableau 5) :

2 fois la longueur du métal par côté, soit	30 × 2	=	60
2 — — en bout, soit	38 × 2	=	76
2 — l'écartement entre axes des quinconces	57 × 2	=	114
			250

soit des larges-plats de 250 /8.

L'écartement entre les axes des quinconces doit être suffisant pour échapper le bord de la cornière (30), et permettre la pose du rivet voisin (27) (fig. 83 et 84).

Le couvre-joint des cornières de 80 /60 /7 rivées sous les tables supérieures, nécessitera une section de :

$$80 - 7 \text{ ou } 73$$
$$60 - 19 \text{ ou } 41 \qquad 114 \times 7 = 798$$

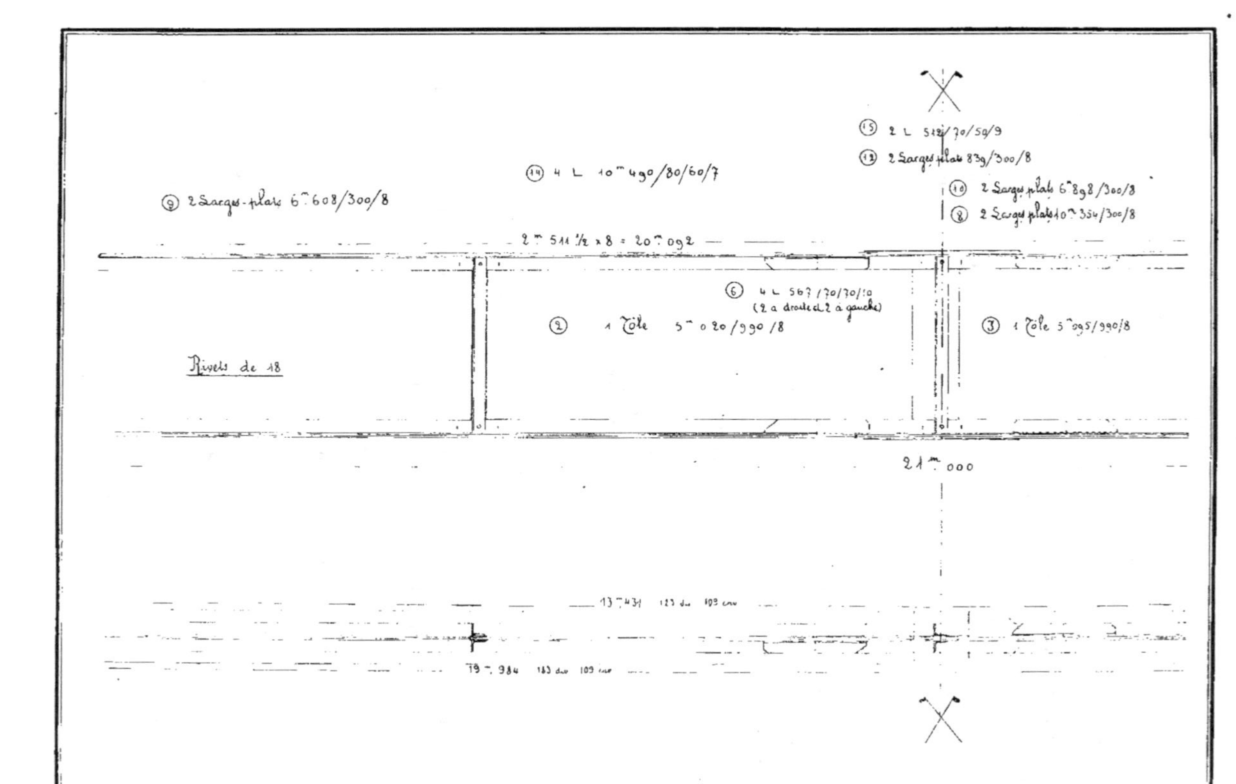

(15) 2 L 512/70/50/9
(13) 2 Larges plats 839/300/8
(10) 2 Larges plats 6-898/300/8
(8) 2 Larges plats 10-354/300/8
(14) 4 L 10-490/80/60/7
(9) 2 Larges-plats 6-608/300/8
2 m 511 1/2 × 8 = 20 m 092
(6) 4 L 567/70/70/10
(2 a droite et 2 a gauche)
(2) 1 Tôle 5 m 020/990/8
(3) 1 Tôle 5-095/990/8
Rivets de 18
21 m 000
13-431 123 dm 103 cm
79-984 183 dm 103 cm

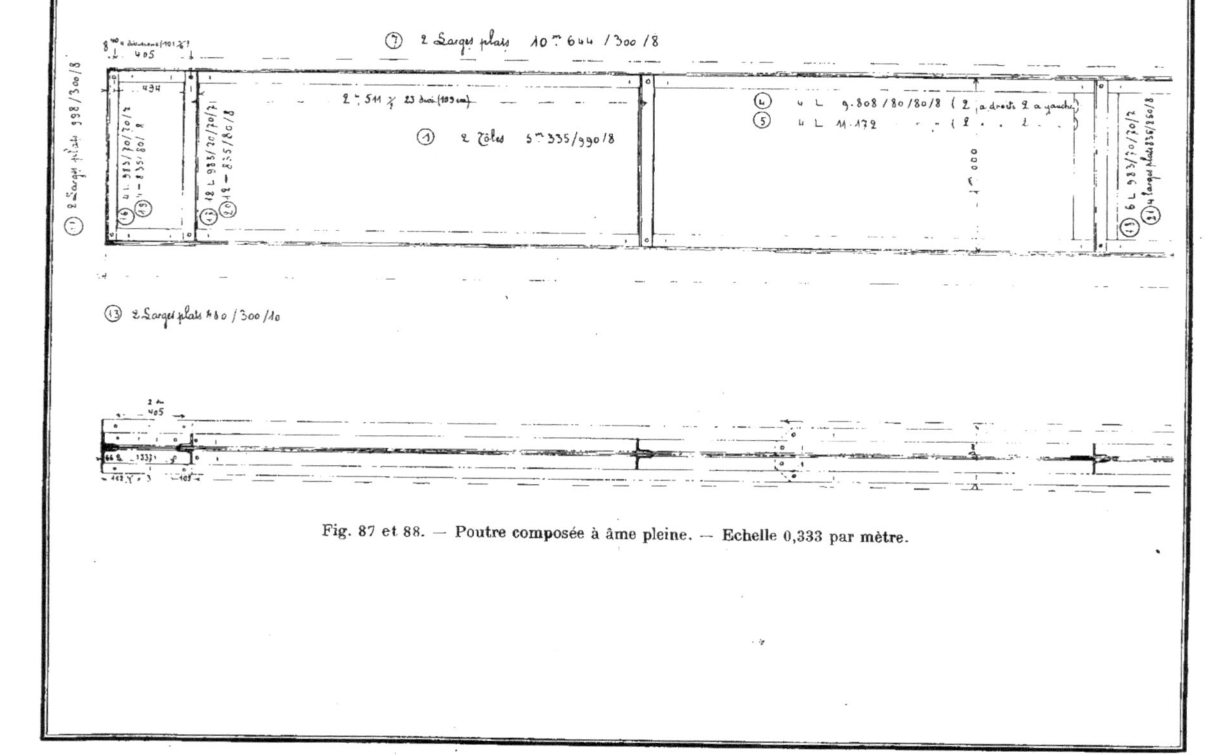

Fig. 87 et 88. — Poutre composée à âme pleine. — Echelle 0,333 par mètre.

L'échantillon de 70/50/9 donne :

70 — 9 ou 61
50 — 19 ou 31   92 × 9 = 828

Le nombre de rivets devra être capable de :

791 × 10,5, ou de 8 300 kilogrammes,

ce qui donne :

$$\frac{8\,300}{2\,320} \text{ ou } 4 \text{ rivets,}$$

(Figures 85 et 86).

Appuis. — Sous les poutres, aux extrémités, il sera placé des plaques de tôle rivées sous les tables, afin de répartir convenablement la charge sur la maçonnerie.

Le chiffre adopté pour la pression par millimètre carré de surface d'appui est de 0,10. La surface nécessaire sera :

$$\frac{15\,000}{0,10} \text{ ou } 150\,000,$$

soit 300 × 500.

Dans le cas où la poutre serait assemblée sur un support métallique, la surface de repos se réduirait à :

$$\frac{15\,000}{10,5} \text{ ou } 1\,430,$$

elle se limiterait donc à la surface nécessaire pour placer les boulons d'assemblage.

Selon l'usage, les extrémités de la poutre seront constituées conformément au dessin (fig. 87).

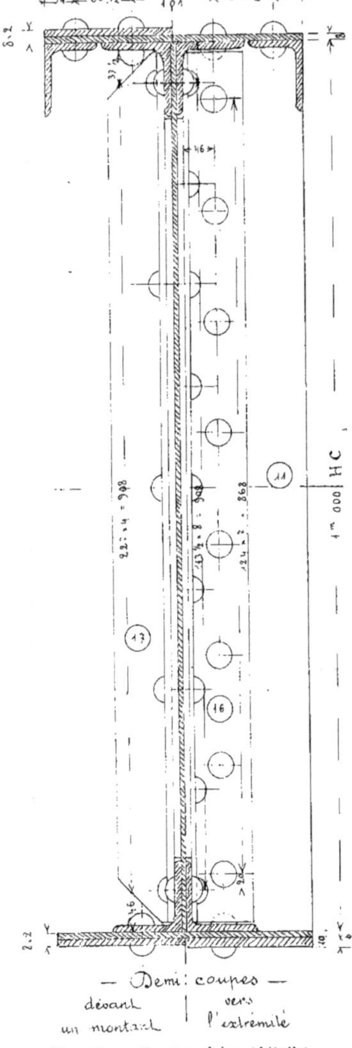

— Demi-coupes —
devant | vers
un montant | l'extrémité

Fig. 89. — Poutre pleine (détails).

Cependant, il est à remarquer que la masse de métal qui, en fait, n'a de raison d'être que pour résister à l'effort tranchant au droit de l'appui représente une section totale de 10 380 millimètres carrés, alors que celle de 1 430 serait suffisante.

Flèche. — La flèche de la poutre sous charge sera déterminée par la formule connue :

$$f = \frac{5 p \mathrm{L} \times \mathrm{L}^3}{384\mathrm{EI}},$$

dans laquelle,

p est la charge du mètre courant (1 500 kilogrammes),

L la longueur (exprimée en mètres pour la multiplier par p (20) et en millimètres ensuite (20 000),

E le coefficient d'élasticité (acier doux 22 000),

I le moment d'inertie (3 790 000 000),

d'où :

$$f = \frac{5}{384} \times \frac{1\,500 \times 20 \times 20\,000^3}{22\,000 \times 3\,790\,000\,000}$$

ou 37 millimètres $\frac{1}{2}$.

La longueur sur les appuis étant de 500, et la portée de 20 mètres, la longueur de la poutre sera de 21 mètres (fig. 87 et 88).

La largeur des tôles constituant l'âme de la poutre est ramenée à 990 millimètres, afin que lesdites tôles ne fassent certainement pas saillie sur les cornières d'assemblage, ce qui nécessiterait un travail d'arasement coûteux. De même, les longueurs des différentes pièces sont réduites, pour les mêmes raisons d'économie d'ajustage.

Les extrémités sont fermées par des plaques de même largeur que celle des tables, et assemblées à l'âme à l'aide de montants supplémentaires. La poutre portera donc à chaque extrémité un rectangle vertical d'appui de 1 000/500 environ.

Au poids indiqué ci-dessus, il y a lieu d'ajouter celui des têtes de rivets, qui peut être représenté par 3 centièmes du poids total, soit 127 kilogrammes, ce qui porte le poids de la poutre à 4.370 kilogrammes environ. Le poids propre au mètre courant sera donc de 208 kilogrammes, soit sensiblement celui qui a été prévu.

En fait, il y a 3 350 têtes de rivets environ, de 18, dans la poutre, pesant 4 kgr. 010 le cent, soit un poids de 134 kilogrammes.

Durand

Une poutre à âme pleine de 20 mètres de portée

Poids

1 âme	20 910	990/8	21 x	63,8	1 340
4 cornières	20 922	80/80/8	83,9 x	9,73	817
4 c-j	567	70/70/10	3,27 x	10,4	34
2 tables	21 000	300/8			
2 tables	13 500	" "			
2 abouts	1 000	" "			
2 c-j	819	. "	72,7 x	19,2	1 400
2 appuis	480	300/10	0,96	24	34
2 cornières	20 922	80/60/7	42 x	7,45	313
2 c-j	512	70/50/9	1,02 x	8	8
24 montants	933	70/70/7	21,6 x	7,45	161
16 fourrures	835	90/8	13,35 x	5,12	68
6 c-j âme	835	250/8	5,01 x	16	80
					4 240
			Évaluation du poids des têtes de rivets		127
				Total :	4 370

Feuille d'ordre. — Dans le but de faciliter la recherche des différentes pièces qui sont nécessaires à l'exécution de la poutre, celles-ci, qui ont été numérotées sur les dessins, sont reportées dans l'ordre de leur numérotage sur des feuilles comprenant chacune vingt-cinq numéros par exemple.

En pratique, il n'est pas nécessaire d'établir de feuilles d'ordre lorsque le travail envisagé ne comporte pas plus de vingt-cinq numéros différents. La « feuille de commande » dont il est parlé ci-après suffit. La feuille d'ordre donnée ne doit donc être prise que comme un exemple s'appliquant à des travaux de plus grande importance.

Seules, les pièces différenciées par suite de leur fabrication faite spécialement en vue de l'exécution du travail envisagé, sont numérotées. Les éléments de fabrication courante, interchangeables, comme le sont les rivets et les boulons utilisés tels qu'ils sortent des machines, ne sont pas numérotés.

Durand

Une Poutre à âme pleine de 20 mètres de portée.

Cie N° 3 215
f° unique

N°	Nombre	Désignation								
1	2	Tôles	5 355		990	8				
2	1	"	5 020							
3	1	"	5 095							
4	4	L.	9 861	80	80	8	2	d	2	g
5	4	"	11 172				2	d	2	g
6	4	"	561	70	70	10	2	d	2	g
7	2	Larges plats	10 540		500	8				
8	2	"	10 370							
9	2	"	6 608							
10	2	"	6 298							
11	2	"	998							
12	2	"	834							
13	2	"	880			10				
14	4	"	10 490	80	60	7				
15	2	"	542	70	60	9				
16	4	"	933	70	70	7				
17	2	"								
18	6	"								
19	4	Plat	135		10	8				
20	12	"								
21	4	Larges Plats			110					

Feuilles de commande. — Le bureau de dessin doit donner aux service des approvisionnements le détail de ce qui sera nécessaire à l'atelier, pour que celui-ci puisse procéder, sans tâtonnements inutiles, à l'exécution du travail envisagé.

C'est pour cette raison que sont établies les « feuilles de commande ».

Elles comportent l'inscription de tous les éléments. Ceux-ci y sont inscrits dans un ordre constant, toujours le même, par exemple comme l'indique le modèle :

Les tôles,

Les larges-plats,

Les laminés, ronds, plats, cornières égales, etc.,

Les pièces de fonte, d'autres métaux, etc.,

Les rivets — d'après leur diamètre et ensuite leur longueur dans chaque diamètre, — les boulons, etc..

Il faut que les approvisionnements y soient inscrits de telle sorte qu'ils se trouvent groupés en rapport avec leur similitude, pour que les matières qui sont à demander au même fournisseur se suivent régulièrement.

Une série de ces feuilles doit être remise à l'atelier. Il y est donc rappelé les numéros d'ordre figurant sur les dessins d'exécution.

En ce qui concerne les rivets et les boulons, il est indiqué en face de leurs dimensions les différentes épaisseurs des laminés qu'ils doivent assembler, afin que le chef d'atelier puisse s'y référer.

Dans les différentes colonnes tracées à la droite des feuilles, les unes sont destinées à l'inscription schématisée du nom du fournisseur et de la date à laquelle la commande lui a été faite, les autres permettant d'indiquer à l'atelier, à l'aide d'un signe conventionnel, que les approvisionnements lui sont assurés, soit du fait de leur existence en magasin, soit du fait de la livraison réalisée par le fournisseur intéressé.

Le tableau 25 indique quelles sont les longueurs qui doivent être adoptées pour les rivets en vue de limiter, d'une part, le nombre des différents échantillons qui doivent être approvisionnés, et d'autre part, de permettre un échelonnement des longueurs successives qui sont capables d'assurer l'uniformité de l'outillage à employer pour effectuer le rivetage, de telle sorte que les têtes de rivets restent comparables les unes aux autres.

Les tableaux 26 et 27 permettent de déterminer les longueurs des rivets à employer d'après le nombre des épaisseurs superposées dans l'assemblage, l'importance de ces épaisseurs, et le modèle de rivure à adopter : ronde, fraisée, écrasée, etc..

Les boulons sont approvisionnés d'après les mêmes principes, mais en se basant sur des longueurs de tiges qui soient suffisantes pour que lesdites tiges remplissent non seulement l'écrou dans sa hauteur, mais laissent un excès, variant de 2 à 7 millimètres par exemple, en suivant un échelonnement variant de 5 en 5 millimètres, pour les longueurs de tiges à approvisionner dans les mêmes diamètres. La longueur de la partie lisse existant sur la tige des boulons doit toujours être spécifiée, afin que la partie filetée ne se trouve pas placée dans l'épaisseur du trou des pièces assemblées. La partie filetée s'écraserait en effet, faute de cette précaution, lorsque le boulon travaillerait au cisaillement, ce qui est le cas le plus général.

Dire par exemple :

Boulon.

$8 + 10 \times 2, 20/55$ partie lisse 26 (soit 2 millimètres de moins que 28, qui est l'épaisseur totale à assembler, et cela, afin que l'écrou puiss e être vissé en tout état de cause).

Durand.   C⁰ 𝒩 3. 215
                                              S⁰ 1

Une poutre à âme pleine
de 20 mètres de portée
Tôles et laminés

2	1	Tôle	5 020	990	8			
3	1	,	5 100					
1	2	,	5 360					
21	4	Larges plat	855	26.	8	1		8.840
12	2	,	879	700				
11	2	,	998			1		3.620
9	2	,	6.610					
10	2	,	6.900					
8	2	,	10.350					
7	2	,	10.640					
13	2	,	480		10	1		960
19	9	16 Plat	815	10	8	2		6.680
20	12							
16	4							
17	12	22 L	998	70/70	7	2		10.810
18	6							
6	4	,	567		10	1		2.270
4	4	,	9 810	50/80	8			
5	4	,	11 170					
15	2	L	512	70/50	9	1		1 020
14	2	,	10 490	80/60	7			

Durand   Cie N° 3.215
f° 2

Une Poutre à âme pleine
de 20 mètres de portée (suite)
Rivets

7 + 8		72	
7 + 9	18/44	8	411
8 × 2		408	
8 + 10	" 48		12
7.1.1×2	" 52	114	1.008
8 × 3		894	
8 × 2 + 10	" 56		16
7 + 8 × 3	" 60		4
8 × 4	" 64	32	72
8.3 + 10		40	
8 × 5	" 72	72	82
7 + 1 × 3 × 9		10	

VIII

DES PONTS

Flambage dans les poutres. — Dans la constitution d'une ossature de pont métallique, les poutres principales, lorsqu'elles sont suffisamment longues, doivent être reliées l'une à l'autre au droit de leurs membrures inférieures, comme aussi au droit de leurs membrures supérieures, chaque fois que cela est possible. La stabilité de l'ensemble se trouve ainsi parfaitement assurée.

Cependant, lorsque le tablier du pont se trouve reposer sur la partie inférieure des poutres principales, il n'est pas toujours possible de réaliser l'établissement d'un contreventement horizontal au niveau des membrures supérieures, en particulier lorsque la hauteur libre sous ledit contreventement est jugée insuffisante pour livrer passage aux véhicules dont la circulation doit être prévue.

Dans ce cas, il est nécessaire de donner à la membrure comprimée une capacité de résistance telle que le flambage ne soit pas à craindre.

La formule Gb est ici applicable.

$$I_h = \frac{PL^3}{3\ 460\ 000h}.$$

Mais l'application de cette formule conduit parfois à adopter une section exagérément lourde pour la membrure envisagée.

On arrive à une solution plus satisfaisante, en constituant les montants des poutres qui sont placés au droit des entretoises longitudinales normales auxdites poutres, de telle sorte qu'ils soient capables de résister à un effort transversal suffisant pour qu'ils puissent s'opposer à la tendance au flambage dans le plan horizontal, qu'aurait la membrure comprimée, si celle-ci n'était pas maintenue par lesdits montants.

J'ai été amené à chercher la solution du problème.

Pour déterminer l'importance de l'effort horizontal normal à la poutre qui doit être appliqué au droit de chaque montant, je suis arrivé à la formule :

$$(H) \qquad \mathrm{F} = \frac{4\mathrm{R}}{n\mathrm{L}} \sqrt[4]{\frac{\overline{i}}{4}} \times \frac{1-i}{\sqrt{1-i}}$$

dans laquelle :

R est le taux de travail admis pour le métal,

n le nombre d'intervalles entre montants répartis sur la longueur de la poutre,

L la longueur de la poutre en millimètres,

I représente l'I_h de la formule Gb, telle qu'elle est appliquée ci-dessus, c'est-à-dire

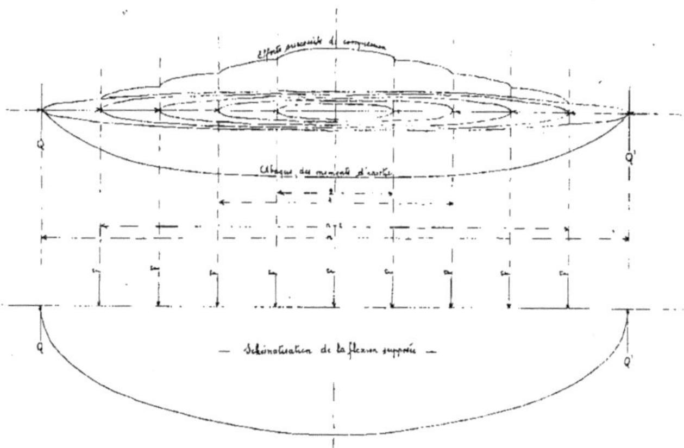

Fig. 90 et 91.

Poutre fléchie à charge répartie. Application d'efforts transversaux sur la membrure comprimée pour empêcher le flambage de celle-ci.

le moment d'inertie horizontal que la membrure devrait avoir si elle n'était pas maintenue par les montants,

i est le moment d'inertie horizontal qu'elle a réellement.

le logarithme $\sqrt[4]{\frac{\overline{i}}{4}} = \overline{1},973\,7725$, la formule se calculant plus rapidement en utilisant les tables de logarithmes.

Cette formule découle de l'égalisation de comparaison entre deux solides de section circulaire, de longueur égale à celle de la poutre :

a) L'un d'eux ayant pour moment d'inertie les divers moments nécessités par le calcul de pièces élémentaires superposées, symétriques par rapport à l'axe vertical de la poutre, et ayant successivement pour longueurs les suites des distances entre montants, multipliées par 2, 4, ... $n - 2$, n (fig. 90 et 91).

b) L'autre ayant pour module de flexion, celui qui résulterait de l'application d'une suite d'efforts égaux chacun à F, et appliqués au droit de chaque montant, le solide reposant sur ses deux extrémités.

Le montant de la poutre de pont placé dans ces conditions devra être capable de parer à trois sortes d'efforts :

(T), l'effort tranchant résultant de la constitution même de la poutre dans le plan vertical. Il devra être capable de s'opposer au flambage possible, d'après la formule d'Euler (B*b*), avec maximum de I se trouvant au milieu de sa longueur ;

(V), l'effort dû à l'action du vent sur la moitié supérieure de la poutre, cet effort

Fig. 92. — Schématisation des efforts de flexion auxquels sont exposés les montants d'un pont.

appliqué en haut, agissant en flexion, avec maximum au droit de la membrure inférieure ;

(F), l'effort calculé d'après la formule H, et destiné à s'opposer au flambage possible de la membrure supérieure dans le plan vertical. Cet effort se comporte comme le précédent.

Les deux efforts V et F s'ajoutent donc, ils agissent sur l'ensemble de la construction d'une façon analogue à celui que présente une équerre de mouvement de sonnette (fig. 92), avec application au droit de la membrure supérieure de la pièce considérée :

L'articulation du levier est située au droit de la membrure inférieure de la même poutre,

La réaction au droit de la membrure inférieure de la poutre opposée.

Le montant, dont la section sera déterminée par tâtonnements successifs, devra donc être vérifié en deux points de sa hauteur :

Au milieu, pour la valeur de 1 découlant du flambage par compression (pour T), et pour la moitié du module de flexion résultant de l'intervention de V et de F ;

Au droit de la membrure inférieure, pour R, et pour $\dfrac{1}{v}$ découlant de l'effort de flexion appliqué à la tête.

R donne, pour ses trois composantes :

$$R_t = \frac{T \quad \text{(effort tranchant)}}{S \ \text{(section du montant)}}$$

$$R_v + R_f = \frac{(V + F)h}{\dfrac{1}{v}}$$

1 donne, pour ces trois composantes :

$$I_t = \frac{T h_t^2}{50\,000} \quad \text{(formule B}b \text{ à lettres modifiées)}$$

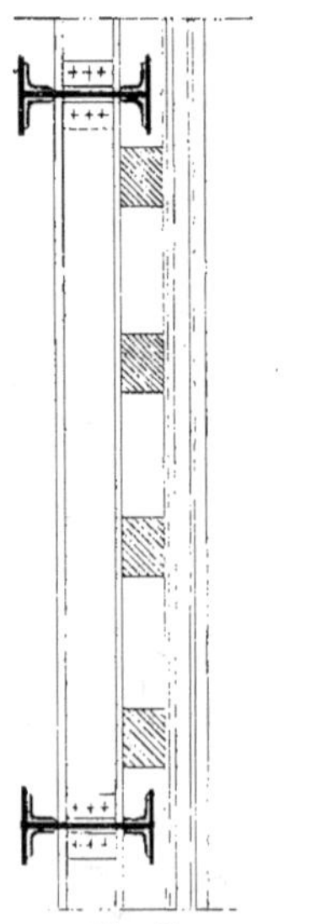

Fig. 93. — Montant renforcé dans un pont.

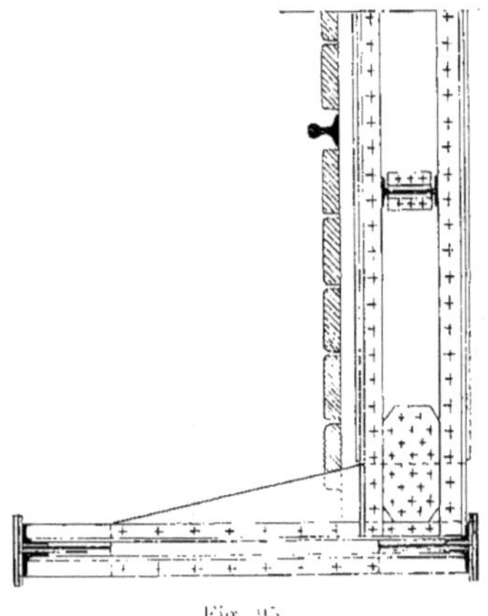

Fig. 95.

Entretoise avec montant renforcé dans un pont.

Fig. 94.

$$I_v + I_f = \frac{(V + F)h \cdot v}{2(R - R_t)}$$ formule dans laquelle :

R doit être diminué de R_t, puisqu'il faut parer à l'effort tranchant, et que la différence seule reste disponible en vue d'assurer la résistance à la flexion.

La pièce de pont formant entretoise entre les poutres maîtresses, qui doit déjà être capable de résister, par flexion, à l'action pesante du tablier, doit en outre, sur toute sa longueur, être capable de la réaction de flexion, par influence du mouvement de sonnette, dû à l'action du vent, V, d'une part, et à l'effort destiné à parer au flambage de la membrure supérieure des poutres, F, d'autre part.

Deux exemples (fig. 93 et fig. 94 et 95), illustrent l'application de cette conception, qui a reçu, comme les autres qui ont été développées, la sanction de l'expérience par des réalisations répétées.

Trottoir. — Un trottoir établi en encorbellement par rapport aux poutres constituant une passerelle, doit avoir l'attache des consoles qui le supportent conçue de

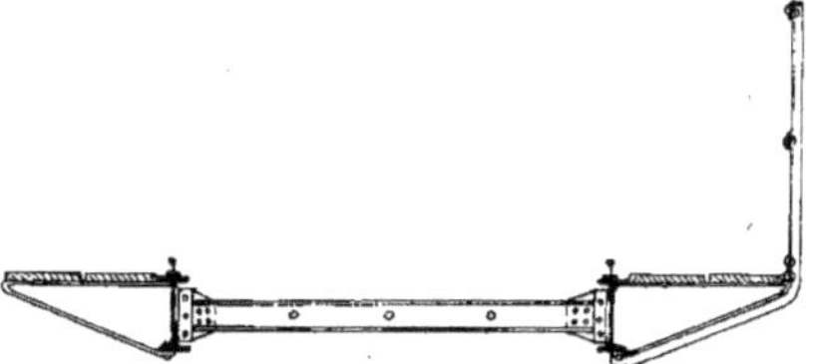

Fig. 96. — Trottoir et garde-corps d'une passerelle.

telle sorte que l'effort de torsion qui en résulterait pour la poutre adjacente ne prenne pas une importance dangereuse. Les deux poutres doivent être reliées l'une à l'autre en tenant compte des considérations suivantes (fig. 96).

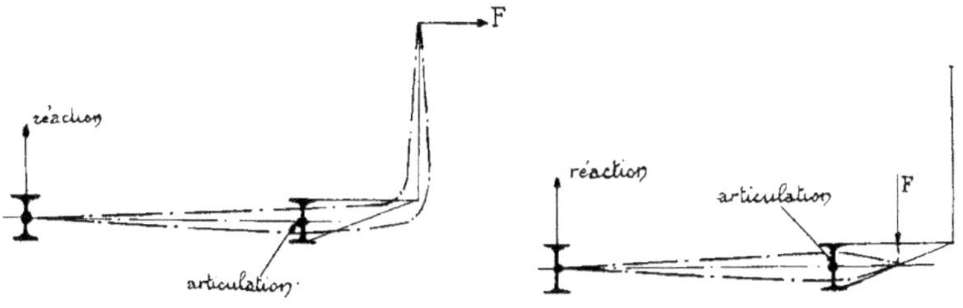

Conceptions des leviers pour l'application des efforts sur le trottoir et le garde-corps d'une passerelle.

L'effort agit à l'une des extrémités d'un levier du premier genre. Ce levier a le point d'articulation placé au droit de la poutre la plus proche du trottoir considéré, et la réaction se trouve située au droit de l'autre poutre, et cela par l'intermédiaire de la pièce d'entretoise. Cette dernière, dans certains cas, peut être suffisamment chargée pour que l'équilibre en bascule sur la poutre adjacente formant articulation, soit assuré, sans qu'il soit nécessaire de se reporter jusqu'au droit de la poutre opposée, mais le principe reste invariable (fig. 97).

Garde-corps. – Il en est de même en ce qui concerne l'effort qui résulte de l'appui que peuvent prendre les piétons circulant sur la passerelle, ou sur les trottoirs. L'effort sur le garde-corps doit être considéré comme s'il était transmis par un levier coudé, dans les mêmes conditions que celui agissant sur le trottoir, qui, lui, était transmis par un levier droit (fig. 98).

IX

DES PILES

Les piles des ponts, comme aussi les supports qui ont des destinations analogues,

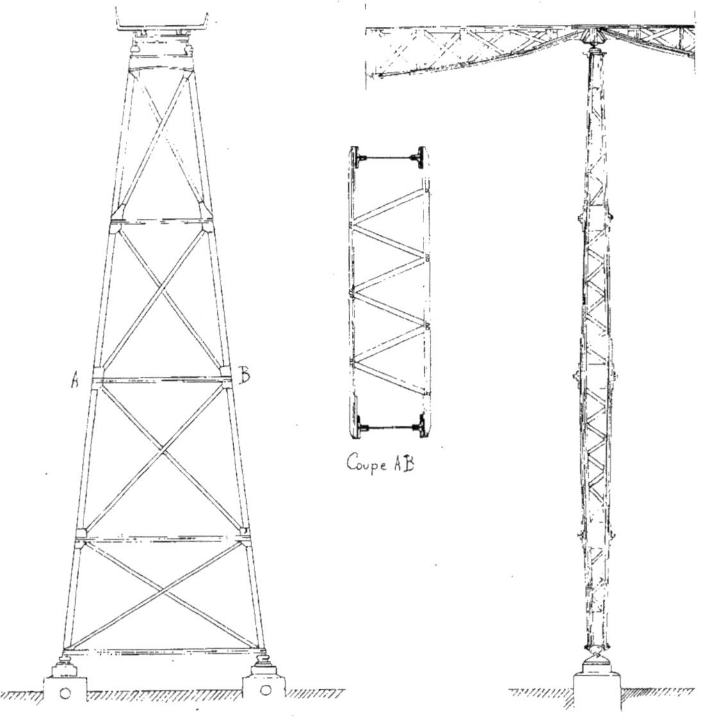

Fig. 99.   Fig. 101.   Fig. 100.
Pile articulée d'un pont.

doivent être conçues aussi simplement qu'il est possible de le faire. Il faut éviter les complications, qui ont l'inconvénient de disséminer les efforts dans les différents éléments constituant la construction, sans qu'il soit possible de savoir ce qu'il en advient.

Les figures 99 à 101 montrent une disposition réalisée en Amérique, pour

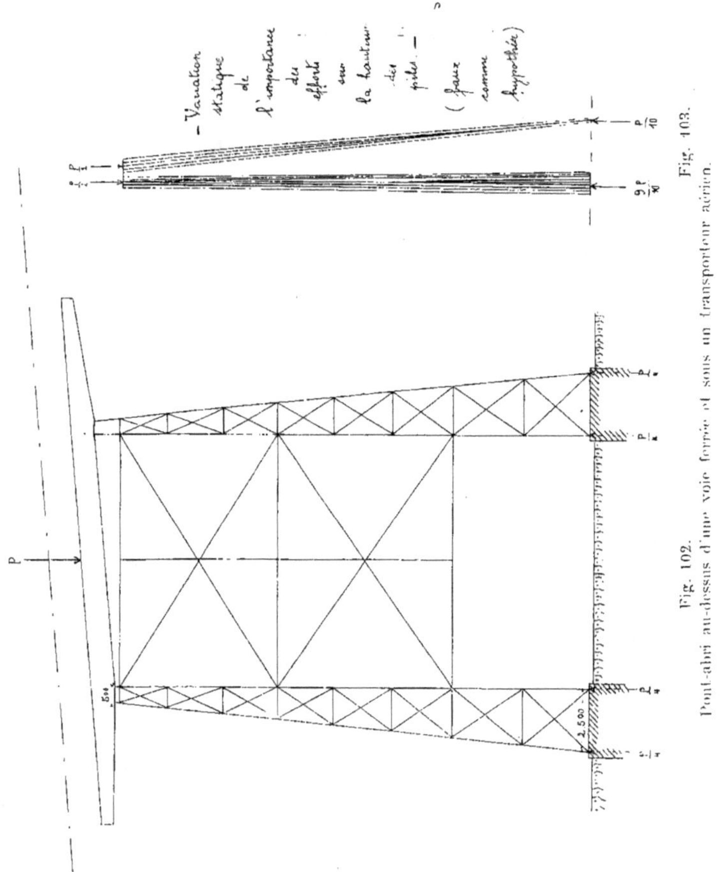

la constitution d'une pile de pont, elles illustrent une conception simple et logique en l'espèce.

Résal cite le cas d'une barre de treillis d'un pont en arc, dans laquelle l'effort constaté, par suite de la substitution d'un dynamomètre à cette barre elle-même, avait été trois à quatre fois plus élevé que celui qui découlait de l'étude qui en avait été faite par le calcul.

Répartition des efforts dans les arêtiers. — Néanmoins, dans le cas où un support rencontre le sol par l'intermédiaire d'un nombre de barres supérieur, soit à deux, soit à trois, suivant le cas, il y a lieu de suivre les indications données par Résal, et qui consistent à supposer que l'effort total agissant sur le support, se trouve

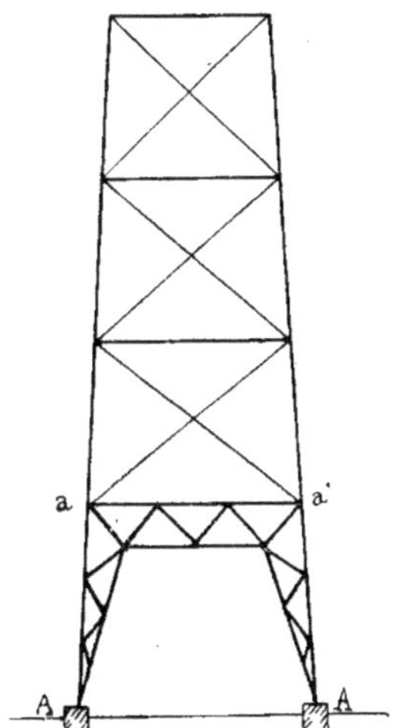

Fig. 104. — Passage ouvert en bas d'une pile d'estacade. Conception en C.

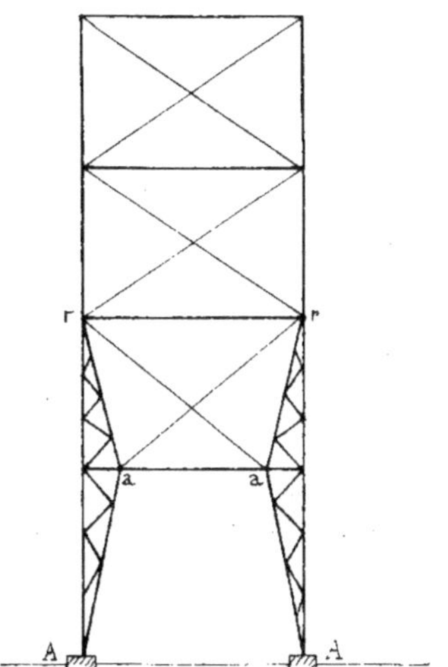

Fig. 105. — Passage ouvert en bas d'une pile d'estacade. Conception par leviers droits.

réparti entre tous les arêtiers posant sur le sol, proportionnellement pour chacun d'eux à l'inverse de leur distance au centre de gravité de la base de sustentation.

Dans le cas d'une pile ayant une face verticale et une face inclinée, dont la hauteur serait assez grande par rapport à sa largeur, comme celle des figures 102 et 103, il serait contraire à la réalité de supposer que les efforts sont différents dans chacune des faces, intérieures et extérieures, de la pile considérée.

Si, par exemple, la largeur entre face au sommet de la pile est le cinquième de la dite largeur à la base la décomposition classique des efforts, supposés égaux à la tête sur chacune des faces, donnerait un dixième de l'effort total agissant sur la pile, pour la valeur sur la face extérieure, et neuf dixièmes, pour la valeur sur la face intérieure. Cette façon d'opérer serait complètement erronée. La question se présente, pour une des considérations qu'elle provoque, dans le même sens que celle qui a été développée pour le cas du mât de montage, page 23, et elle se trouve rentrer dans le cas que Résal a examiné, si elle est prise dans un autre sens. D'après Résal, les quatre arbalétriers

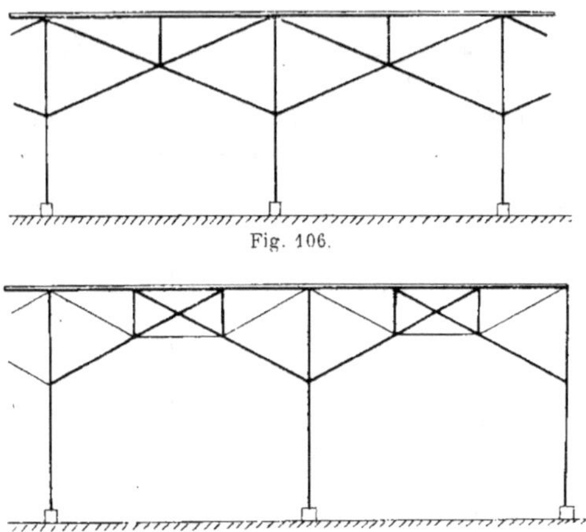

Fig. 106.

Fig. 107.
Estacades d'usines. Schématisation dans le sens de la longueur.

de la pile se trouvant à égale distance du centre de figure de la section de base, doivent transmettre des efforts égaux.

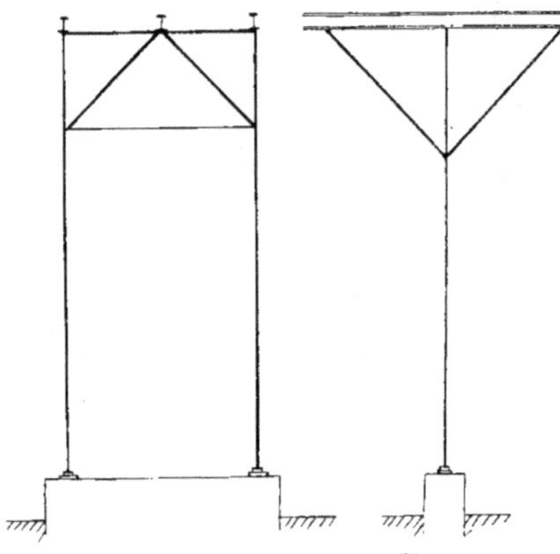

Fig. 108.   Fig. 109.
Estacade d'usines. Schématisation d'un poteau simple.

Passage au bas d'une pile. — Dans le cas où une pile à conception triangulée dans le plan formé par deux des arêtiers, devrait être prévue pour laisser un passage libre, le tronçon inférieur de l'arêtier devrait être capable de résister par flexion, con-

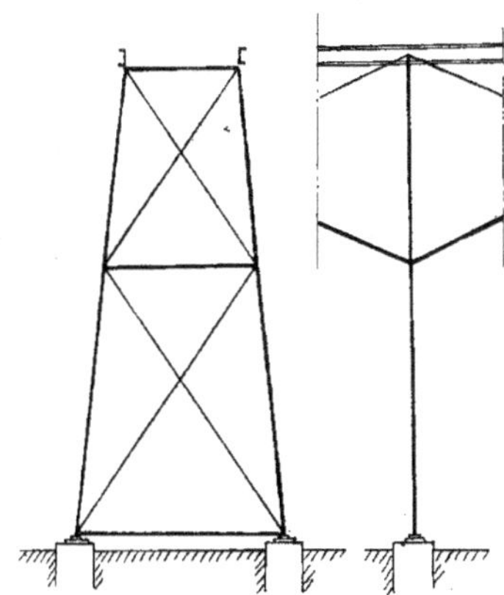

Fig. 110.   Fig. 111.

Estacades d'usines. Schématisation d'un poteau triangulé.

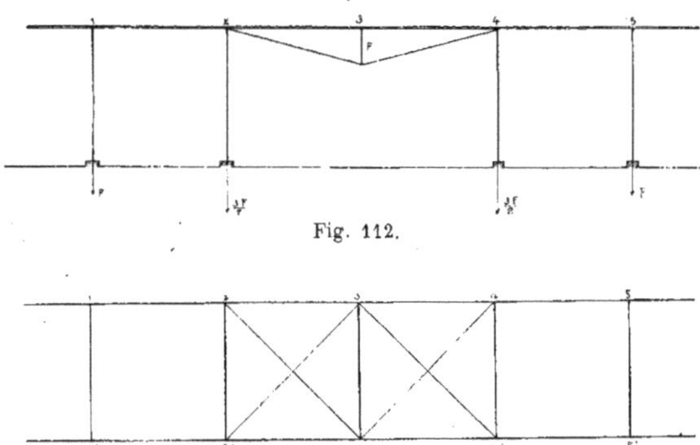

Fig. 112.

Fig. 113.

Estacade d'usine. Schématisation se rapportant au cas de suppression d'un poteau.

tre l'influence de l'effort latéral occasionné par des causes quelconques, et par le vent en particulier.

Dans ce cas, ce dernier tronçon doit être considéré comme formant la branche d'un levier du premier genre, dont le point d'articulation se trouverait en a (fig. 104).

et dont la réaction se répercuterait en *r*, c'est-à-dire au droit du premier nœud triangulé situé au-dessus.

Le levier, au lieu d'être droit, pourrait être coudé (fig. 105), et, dans ce cas, le point d'articulation sur l'un des arêtiers correspondrait au point de réaction, pour le levier schématisé du côté opposé. La constitution serait donc un C ouvert vers le sol.

Suppression d'un support d'estacade. — Il peut devenir nécessaire de supprimer un des supports successifs d'une estacade d'usine, établie suivant l'un des schémas des figures 106 à 111 par exemple. Dans ce cas, il y a lieu de constituer une poutre armée, qui serait considérée comme prenant appui sur la tête des deux supports voisins (fig. 112 et 113). Il faut alors vérifier la capacité de résistance nouvelle desdits supports, et en outre stabiliser la construction en plan, en lui adjoignant, s'il y a lieu, des croix de Saint-André formant contreventements.

X

DES CHARPENTES DE COMBLE

Pannes. — Le calcul des pannes en double té laminé, placées sur les fermes d'une charpente de comble, lorsqu'elles sont disposées suivant l'inclinaison de la toiture, et que cette inclinaison n'est pas trop forte (jusqu'à une pente de 50 p. 100 par exemple), peut être envisagé, en vue de simplification, de la manière suivante :

Les deux masses de métal constituant les tables de la panne, considérées comme

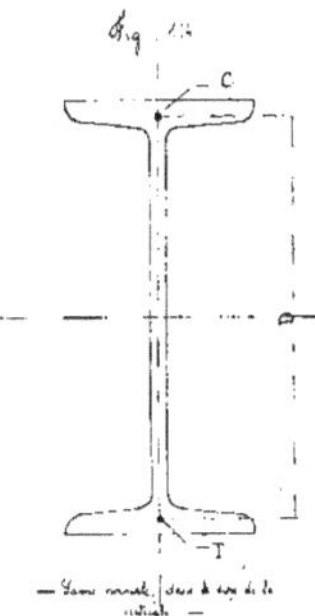

Fig. 114. — Panne normale dans le sens de la verticale.

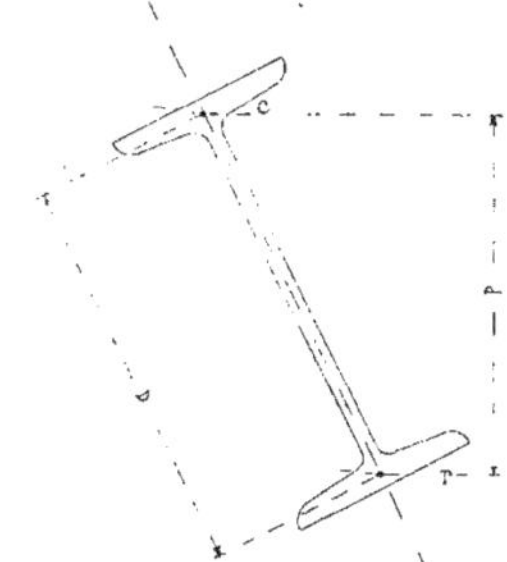

Fig. 115. — Panne inclinée sur la verticale.

travaillant, l'une en compression, l'autre en traction (fig. 114), en s'opposant, en couple, avec une distance D, à l'action des forces extérieures, peuvent être concrétisées en C et T.

Si la panne se trouve dans une position inclinée (fig. 115), le couple de résistance agira alors avec une distance $\frac{P}{2}$, qui est la projection de $\frac{D}{2}$ sur la verticale.

Le moment de flexion de la panne inclinée sera donc sensiblement proportionnel à celui de la panne placée verticalement, comme la projection de la toiture sera à la longueur de ladite.

Bien entendu qu'il ne s'agit là que d'une solution approchée, puisque, à la limite, c'est-à-dire lorsque le double té serait posé à plat, d'après les considérations qui viennent d'être exposées, il n'existerait plus aucun couple capable de résistance, tandis que le double té à plat est encore capable d'un certain moment de flexion, bien que ce dernier soit très inférieur à celui que présente le double té placé verticalement.

Eclairage par les sheds. — Les surfaces couvertes doivent laisser pénétrer la lumière dans toute la mesure du possible.

Il y a d'abord un intérêt d'hygiène pour le personnel des usines.

Il y a ensuite un intérêt de meilleur rendement industriel, parce que le travail peut être mieux et plus rapidement exécuté.

La surface réservée à l'éclairage, si elle est placée au faîtage, doit atteindre un cinquième de la surface couverte.

Mais il y a avantage, *pour les bâtiments d'atelier*, à ce que les surfaces d'éclairage soient orientées vers le Nord, bien que, malheureusement, la question hygiénique pour le personnel préconiserait une orientation opposée.

Pour la réalisation de cette orientation vers le Nord, la disposition des combles en sheds est toute indiquée, mais alors la surface d'éclairage doit être le *double* de ce qu'elle était dans le cas d'éclairage par le faîtage. Elle doit atteindre, pour avoir la même efficacité, les deux cinquièmes de la surface couverte.

Les fermes sheds peuvent reposer chacune sur des colonnes, ou bien, par suite d'une disposition qui est plus fréquemment adoptée, reposer sur des poutres, capables, entre colonnes, de reprendre les efforts transmis par les fermes intermédiaires (fig. 116 et 117).

La portée des travées de sheds, d'où découlent les distances respectives des bandes d'éclairage, ne doit pas dépasser une certaine valeur, en rapport avec la hauteur

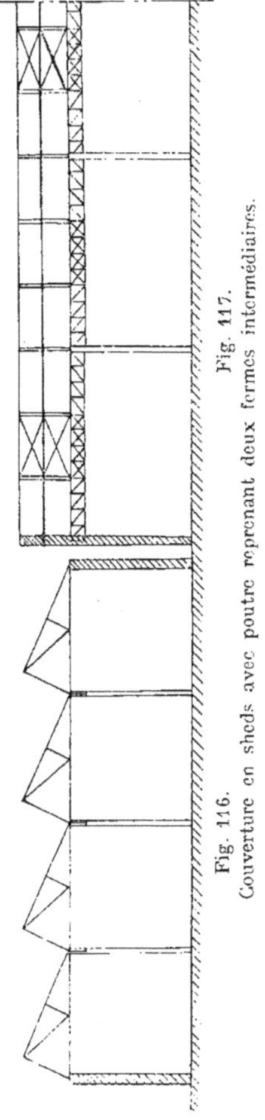

Fig. 117.

Fig. 116.
Couverture en sheds avec poutre reprenant deux fermes intermédiaires.

à laquelle se trouve placé cet éclairage par rapport au sol de l'atelier. Sans cette précaution, la diffusion de la lumière sur ledit sol ne se trouve pas suffisamment assurée. Pour que cette condition soit réalisée, la portée des sheds ne doit pas être supérieure à une fois et quart (1.25) la hauteur sous entrait.

La forme la plus avantageuse pour les combles en sheds est celle qui a pour proportions :

1, pente vitrée ;

2, pente opaque, l'angle au sommet étant de 90°. Cette proportion s'adapte au cas de la couverture en tuiles mécaniques à double emboîtement.

Constitution de poutres dans les pans. — L'ossature du comble, au lieu d'être conçue comme reposant sur des fermes placées à une certaine distance l'une de l'au-

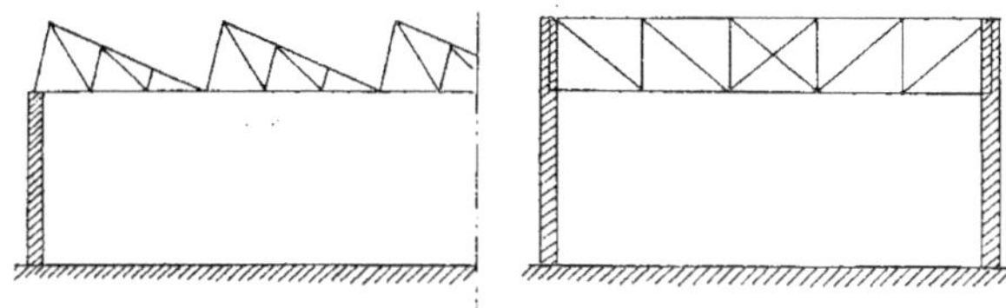

Fig. 118.   Fig. 119.
Couverture en shed. Poutres constituées dans les pans avec suppression de colonnes.

tre, peut être conçue comme étant constituée par deux poutres inclinées se reliant l'une à l'autre successivement à la tête et à la base (fig. 118 et 119). Dans le cas de la forme en dents de scie, où cette dernière conception est plus particulièrement indi-

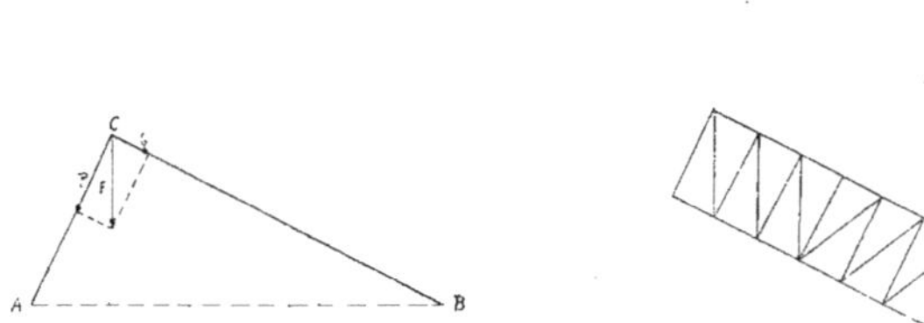

Fig. 120.   Fig. 121.
Décomposition des efforts dans les pans d'une couverture en shed.

quée, l'angle à adopter pour les dièdres est, comme il a été dit déjà, de 90°, parce qu'il rend les assemblages d'une exécution plus simple.

Pour la réalisation de cette conception, il faut considérer que la totalité de la charge répartie sur les surfaces de chacun des deux pans, est centralisée sur l'arête du dièdre supérieur (fig. 120). L'importance de cette charge, agissant dans le sens vertical, pourra alors être décomposée suivant la direction des deux plans.

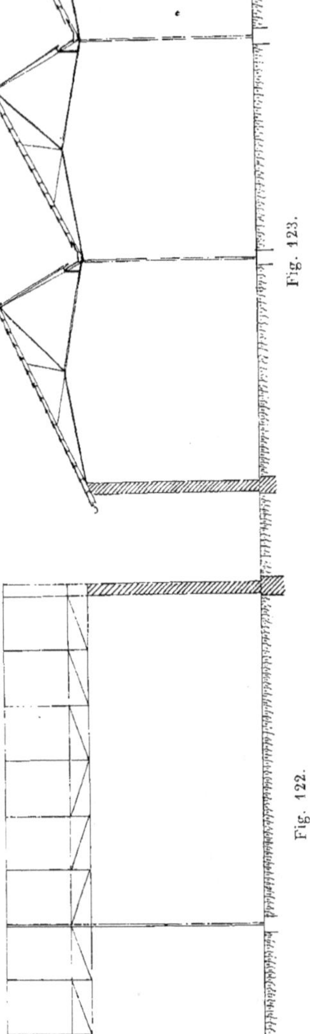

Fig. 123.

Fig. 122.

Si les caractéristiques du shed sont conformes à ce qui a été dit plus haut, c'est-à-dire avec la hauteur du pan vitré égale à la moitié de la hauteur du pan opaque, et que l'angle d'arête soit de 90°, l'effort en résultant, suivant la direction du grand pan, sera la moitié de celui qui existera suivant la direction du petit pan.

Il suffira alors de réaliser dans le plan de chacun des pans, la triangulation voulue, pour que des poutres suffisamment résistantes se trouvent constituées (fig. 121)

La poutre qui sera réalisée dans le plan opaque pourra utiliser les chevrons eux mêmes pour en former les montants. Des barres correspondantes seront prévues dans la poutre constituée sur le pan vitré.

Les travées extrêmes, lorsqu'elles reposent sur des colonnes, doivent avoir une triangulation située dans le plan vertical et qui soit fermée. Cette triangulation sera constituée par les arbalétriers de chacun des pans, et un entrait

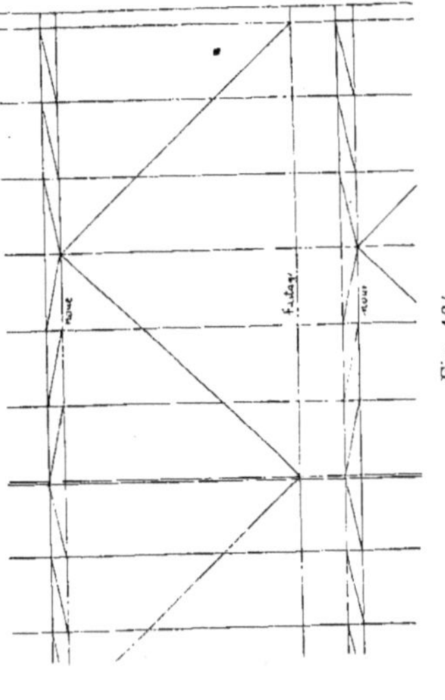

Fig. 124. — Couverture en shed. Réalisation par fermettes et poutres dans les pans, partie vitrée sans diagonales.

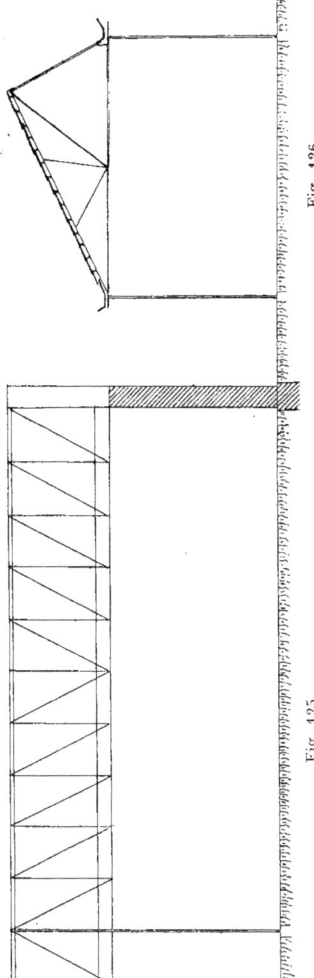

Fig. 126.

Fig. 125.

capable de s'opposer à l'aplatissement de la travée de shed considérée. Cette triangulation a aussi pour but d'éviter une poussée horizontale, qui pourrait devenir dangereuse pour la stabilité des murs latéraux.

Les entraits dans les travées intermédiaires entre les deux extrêmes seront inutiles.

La longueur limite à laquelle peuvent se trouver écartés les murs de pignons ou les travées extrêmes, est conditionnée par les mêmes considérations que celles qui interviennent dans la limitation de portée des poutres de ponts, en fonction de leur hauteur.

Une longueur égale à douze fois la hau-

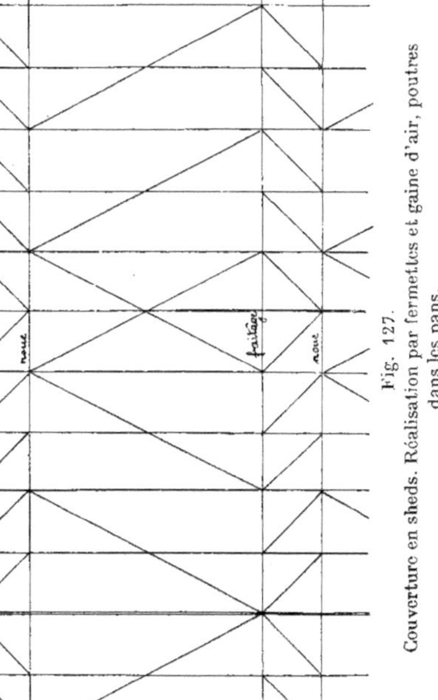

Fig. 127.

Couverture en sheds. Réalisation par fermettes et gaine d'air, poutres dans les pans.

teur de poinçon du shed est convenable. Une longueur limite à vingt fois cette hauteur est possible.

Gaine d'air. — Dans le cas où la distance entre les murs de pignon ou des travées extrêmes serait trop élevée, des lignes de colonnes intermédiaires peuvent être placées (fig. 118 à 119). Au droit des lignes de colonnes doivent exister des fermes constituées dans chacune des travées de sheds.

La poutre qui existe dans le plan du petit pan vitré peut être limitée en hauteur sous la partie non vitrée de ce pan, si celle-ci a elle-même une hauteur suffisante (fig. 122 à 124). La portée des poutres inclinées constituées dans les pans des sheds serait limitée à douze ou vingt fois la hauteur de cette poutre réduite, suivant la préférence donnée à la limite d'élasticité de l'ensemble de la construction.

Dans le cas où la couverture shed doit présenter des qualités isothermiques, comme cela est indiqué pour les combles de certaines industries textiles par exemple, la combinaison shed avec poutres réalisées dans les pans est particulièrement intéressante. Dans cette éventualité, des fermettes sont constituées au droit de chaque chevron, ceux-ci étant écartés de 1 m. 250 environ. Ces fermettes ayant 6 mètres de portée de shed environ peuvent supporter deux pannes intermédiaires (fig. 125 à 127). Les fermes existant au droit des lignes de colonnes successives doivent être capables de supporter, sur leurs arbalétriers, la charge totale de chaque travée de poutres inclinées, et cela entre deux colonnes successives.

L'entrait de ces fermes n'a pas à supporter un effort supérieur à celui qui affecte les fermettes élémentaires, sauf pour l'entrait des fermes extrêmes des travées de sheds, dont un des pans repose sur un mur.

Les lattes reposant directement sur les arbalétriers des fermettes successives, sont à l'échantillon laminé en cornière de 50/30/4, avec le talon tourné vers le faîtage, évidemment.

Les hourdis légers, en terre cuite, creux, planche-plâtre, ou autre matériau analogue, reposent sur la moitié de la longueur de l'entrait, côté grand pan et sous la partie symétrique relevée allant au faîtage (fig. 125 à 127). Ces hourdis existent également sous la partie non vitrée du petit pan avoisinant la noue.

Le double vitrage complétant la gaine d'air isothermique est réservé dans la partie de l'entrait adjacent au petit pan.

Poutres employant plusieurs fermes en lignes. — Il est possible également d'arriver à la diminution du nombre des colonnes, dans les couvertures en sheds en particulier, en se servant des fermes de plusieurs travées successives pour en constituer, dans leur plan propre, une poutre verticale. Celle-ci est réalisée au moyen d'une membrure tendue, correspondant à la ligne des entraits, une membrure comprimée, placée au niveau des faîtages, et des barres de triangulation constituées par les arbalétriers des fermes de sheds (fig. 128). L'inconvénient qui résulte de l'adoption

de cette conception, est dû à la barre de membrure comprimée, qui doit alternativement, au droit de chacune des fermes, passer de la partie intérieure abritée, à la partie extérieure non abritée du comble, d'où de nombreux raccords de toiture, et, par
suite, des causes de corrosion du métal de ladite membrure.

La conception qui vient d'être envisagée pourrait tout aussi bien s'appliquer,

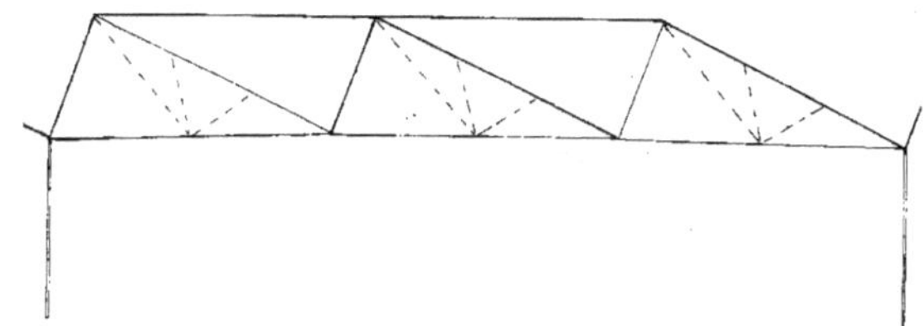

Fig. 128. — Couverture en sheds. Poutres constituées dans le plan des fermes.

théoriquement, à d'autres formes de charpentes de comble que celle en dents de scies,
mais elle est d'autant moins indiquée que les pans constitués dans chacune des fermes successives sont plus longs, puisque la barre de membrure comprimée, reliant les
fermes, et placée au-dessus de la toiture, deviendrait de plus en plus importante, étant
donné qu'elle travaille en compression.

XI

DE LA CONSTRUCTION TRIANGULAIRE

Membrures dissymétriques dans les poutres. -- La dissymétrie de réalisation des deux membrures de poutres de pont, peut parfois faire illusion en ce qui concerne l'importance de leur module de flexion.

En vue de freiner cette illusion, il est utile de rappeler dans quelles conditions travaillent lesdites membrures.

Chacune des deux membrures possède une certaine capacité de travail par traction ou compression; celle-ci, multipliée par la moitié de la distance entre les centres de gravité respectifs des deux membrures, représente le couple de résistance. Il ne sert de rien que la capacité de section soit augmentée pour l'une des membrures, la valeur du couple de résistance sera toujours limitée par l'influence de la membrure la plus faible, en tant que valeur d'effort.

Une pièce triangulaire, évidée, à trois sections d'égale valeur d'effort, ne présentera pas un couple de résistance supérieur à celui d'une pièce de même hauteur ne comportant que deux arêtiers de section élémentaire égale à celle de la section de l'un des trois arêtiers précédents. Il semblerait que de ce fait, il y ait une perte de métal employé, au détriment de la section triangulaire. Cette perte serait de un tiers de l'ensemble (en réalité, il y a des avantages compensateurs découlant de l'emploi de la section triangulaire, avantages dont il sera parlé plus loin).

En ce qui concerne le moment d'inertie, que présente la section d'ensemble de la construction triangulaire, il n'en est pas de même que pour le module de flexion.

Ledit moment d'inertie de la section dissymétrique se trouverait augmenté, du fait que l'une des membrures serait elle-même supérieure en section, à ce qu'il était antérieurement.

Le moment d'inertie de section d'une pièce triangulaire évidée, ayant trois arêtiers de section identique, est supérieur à celui d'une pièce évidée, travaillant dans le plan, et ne possédant que deux de ces arêtiers.

L'augmentation de valeur du moment d'inertie de la section d'ensemble de la pièce, dans ce cas, est d'environ un tiers de la valeur du moment d'inertie calculé avec deux arêtiers seulement.

La section triangulaire est particulièrement indiquée pour la réalisation des pièces longues, exposées à des efforts de compression, et de celles qui doivent s'opposer à des efforts de torsion.

Un exemple de bielle à trois arêtiers est donné par la pièce des figures 129 à 134.

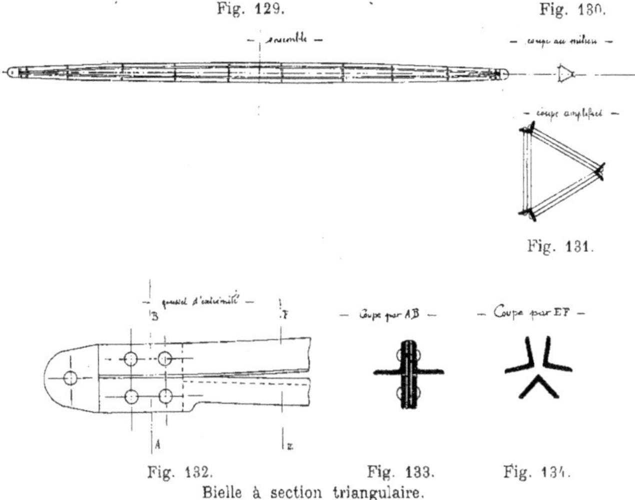

Fig. 129.   Fig. 130.

Fig. 131.

Fig. 132.   Fig. 133.   Fig. 134.

Bielle à section triangulaire.

La section triangulaire rend en effet la pièce *automatiquement indéformable* dans l'espace.

Une pièce de section autre que celle du triangle, ayant une section carrée ou rectangulaire par exemple, n'est capable de se défendre contre les différentes causes de distorsion, que si elle est armée de barres de triangulation, et cela dans tous les plans déterminés par trois quelconques des nœuds de construction (fig. 72).

Or, en pratique, ce parachèvement d'exécution est toujours négligé. La précaution habituellement prise consiste à placer de distance en distance, dans le sens de la longueur de la pièce, des diagonales dans les sections normales à l'axe.

De ces errements, il résulte qu'il est nécessaire de tabler sur l'influence du coefficient de sécurité admis, pour pouvoir considérer la construction comme présentant un ensemble suffisamment indéformable dans la pratique courante.

Avec une construction de la forme triangulaire, dans laquelle les assemblages sont bien étudiés, dont l'exécution a été consciencieusement faite, il serait sans inconvénient d'admettre une valeur de travail, par unité de section, qui soit de moitié supérieure à celle qui est appliquée à la construction qui n'est pas sortie des errements anciens.

Si le même coefficient de travail est maintenu dans les deux cas, l'avantage est nettement en faveur de la construction à section triangulaire.

Section à trois cornières. — Le profil le plus simple pour constituer chacun des arêtiers de la forme triangulaire, est une cornière à branches égales, et dans ce cas, les barres constituant le treillis sont également en cornières égales, dont les extrémités sont aplaties, et ensuite pliées avec un angle de 15° (fig. 135).

Le tracé des trous de rivets sur chacun des trois arêtiers est identique dans ce genre de réalisation.

Le treillis comporte :

Une barre dont la direction est presque normale par rapport aux arêtiers ;

Et une barre beaucoup plus inclinée.

Les deux barres sont inclinées dans le même sens, celui du pas de vis à droite (fig. 136).

Mât de montage. — Le mât de montage dont il a été parlé (page 18) peut être exécuté d'après la forme triangulaire.

Pour un moment d'inertie demandé à 90 000 000 (page 18), la section du mât doit être constituée par trois cornières de 50/50/5, avec une hauteur de triangle de section d'ensemble égale à 562 millimètres, c'est-à-dire avec un côté du triangle égal à 650 millimètres. Cette constitution donne I = 95 000 000.

L'effort tranchant résultant de l'application de la formule de Kellhoff (C) donnera :

$$T = \frac{0,000\ 25 \times 5\ 000 \times 30\ 000}{281} = 134 \text{ kilogrammes.}$$

Cet effort, agissant suivant la direction d'un arêtier, et perpendiculairement à la face opposée de la pyramide triangulaire, se décompose dans les deux faces voisines, en donnant sur chacune d'elles :

$$\frac{134}{2 \times 0,866} = 78 \text{ kilos.}$$

Si l'équidistance des divisions déterminant les treillis sur les faces est égale à 750 millimètres, l'effort dans la pièce la plus inclinée sera égal à 118 kilogrammes. Cette barre de treillis devra évidemment être capable de s'opposer au flambage, lorsque la pièce travaillera en compression, sa longueur étant de 910 millimètres. La cornière employée, qui sera de 30/30/5 (voir tableau 9), en raison du fait qu'elle est expo-

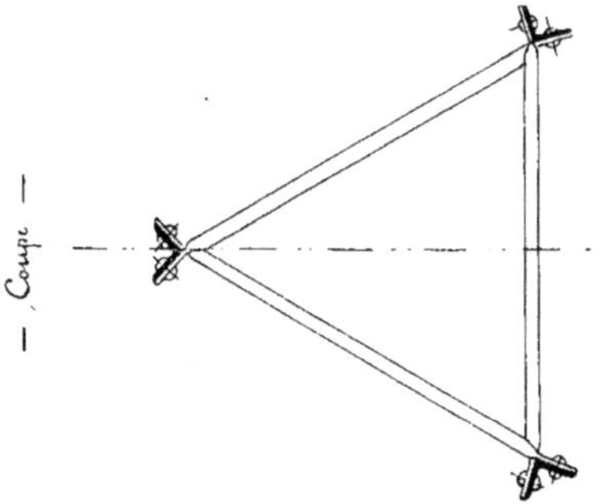

Fig. 135.

Fig. 136.

Section triangulaire à trois cornières d'arêtier.

sée à subir des chocs lorsque le mât doit être manutentionné, sera largement suffisante. Un rivet de 12 millimètres de diamètre (tableau 4), assurera l'assemblage des
barres de treillis avec l'arêtier correspondant.

La comparaison de la forme de section carrée, par rapport à la forme triangulaire, ayant toutes deux même moment d'inertie, demande un rapport de 0,866 entre le côté du carré et la hauteur du triangle de section, soit le même rapport qu'entre
cette hauteur et le côté du triangle en question.

Le poids des constructions est sensiblement le même dans les deux cas.

En fait, le mât triangulaire pèse, comme il a été dit, le même poids que le mât
carré correspondant au même moment d'inertie, avec une sécurité plus grande en ce
qui concerne son emploi. De plus, il ne nécessite que le maniement de neuf pièces, au
lieu de douze, pour effectuer l'assemblage de chacun des tronçons qui le composent.
Il présentera d'un certain sens, il est vrai, un peu plus d'encombrement que le mât
de forme carrée.

La traverse supportant les poulies de renvoi, à la tête, serait placée suivant le
sens de la hauteur du triangle de section, avec les poulies et l'attache destinées à
pouvoir effectuer les mouflages placées du côté de la base du triangle.

Passerelle à section triangulaire. — Un pont, une passerelle, peuvent être
exécutés au moyen d'une seule poutre à forme triangulaire, avec la membrure tendue formant arêtier placée à la partie inférieure de l'ouvrage.

Les efforts agissant suivant le sens de la pesanteur, considérés comme étant con-
centrés dans le plan vertical passant par l'axe longitudinal, se décomposent en deux
lames d'efforts agissant chacune dans un des plans inclinés du prisme triangulaire.
Chacun des deux efforts sera égal à l'effort vertical total, divisé par 2, et ensuite par
le cosinus de l'angle formé par les montants avec la verticale.

Si aucune sollicitation n'intervenait transversalement et horizontalement, la
grandeur de l'effort sur l'arêtier inférieur serait égale au double de l'effort existant sur
chacun des deux arêtiers supérieurs. La poutre constituée dans le plan du tablier
n'aurait alors qu'à tenir compte de l'effort qui tendrait à opérer l'écartement des deux
plans inclinés sur la verticale.

Dans le cas où il y aurait à faire intervenir un effort agissant horizontalement
sur le plan du tablier supérieur, celui-ci devrait être calculé en conséquence, en ce qui
concerne sa triangulation. Il faudrait en tenir compte relativement à l'augmentation en résultant dans les efforts à supporter par les arêtiers supérieurs formant membrure de la poutre horizontale.

S'il s'agit de parer à l'action possible d'un vent agissant transversalement par
rapport à l'ouvrage, celui-ci devra être repris entièrement par la poutre constituée au
droit des arêtiers supérieurs. Le cas est en effet analogue à celui qui se rapporte à un pont
ayant son tablier placé à la partie inférieure des poutres de rive et qui ne comporte
pas de contreventements dans le plan des membrures supérieures desdites poutres.

L'influence du vent se répercutera dans les deux poutres constituées dans les plans inclinés par rapport à la verticale. Il faudra alors considérer l'effort dû à l'action du vent comme étant réparti par moitié, l'une de celle-ci ayant action sur l'arêtier inférieur (fig. 142). Cet effort se décomposera en deux lames qui agiraient (avec une intensité non diminuée pour le cas du triangle équilatéral) dans chacune des deux poutres constituées dans les plans inclinés.

D'après l'une des directions supposées pour l'action du vent, l'un des efforts agissant dans l'arêtier (côté de l'action due au vent), sera un effort de traction, dont l'importance viendra s'ajouter à celui qui résulte de l'action de la pesanteur, l'autre sera un effort de compression (côté opposé à la direction du vent), dont il ne sera pas tenu compte, et qui viendrait soulager la poutre constituée dans le plan incliné de ce côté.

Les efforts transmis, par le fait du vent, dans les deux plans inclinés sur la verticale, viendraient se répercuter, pour agir dans le même sens, sur la partie horizontale du tablier. La poutre constituée dans le plan horizontal devra donc, en fin de compte, comme il a été dit, être capable de résister par flexion à l'effort total dû à l'action du vent.

La projection verticale de la passerelle, faite dans le sens de la longueur, peut affecter une forme arquée, approchant de la forme d'égale résistance, comme dans le cas d'une forme à section transversale rectangulaire, et autoriser ainsi un arêtier inférieur présentant la forme d'une partie de polygone inscrite dans une courbe à grand rayon (fig. 138 à 140).

L'arêtier inférieur, dans un solide fléchi, reposant sur deux appuis, ne travaille qu'à la traction lorsqu'il n'intervient aucun effort dans une direction transversale à la longueur de la pièce. Dans le cas d'action due au vent, la résultante, agissant dans la face inclinée située du côté opposé à son action, provoque un effet de relèvement par rapport à la verticale dans ladite face, et par suite une compression dans l'arête inférieure de l'ensemble. Mais cette compression est exactement compensée du fait de l'effort de traction qui en résulte dans le même arêtier, étant donné qu'il constitue la membrure dans la face inclinée située du côté où agit le vent.

La forme des triangles dans les différentes sections, faites normalement à l'axe, au droit des nœuds successifs de la construction, serait celle de triangles isocèles à base constante (largeur de la face supérieure) et à hauteur variable. Le calcul de la longueur des côtés de ces triangles ne présente aucune difficulté.

Le dessin d'exécution de la poutre inclinée peut être établi dans le plan du papier bien que cette face soit gauche, sans grande difficulté, en dessinant l'arêtier supérieur comme s'il était en ligne droite, en indiquant les montants comme s'ils étaient perpendiculaires à l'arêtier supérieur. Le tracé de ces barres déterminerait celui de l'arêtier inférieur ainsi que les tracés des diagonales. La légère déformation qui résulterait de cette façon de procéder, n'influencerait que faiblement les directions des lignes. ainsi que les angles en résultant, dans les assemblages des goussets (sans qu'il y ait de

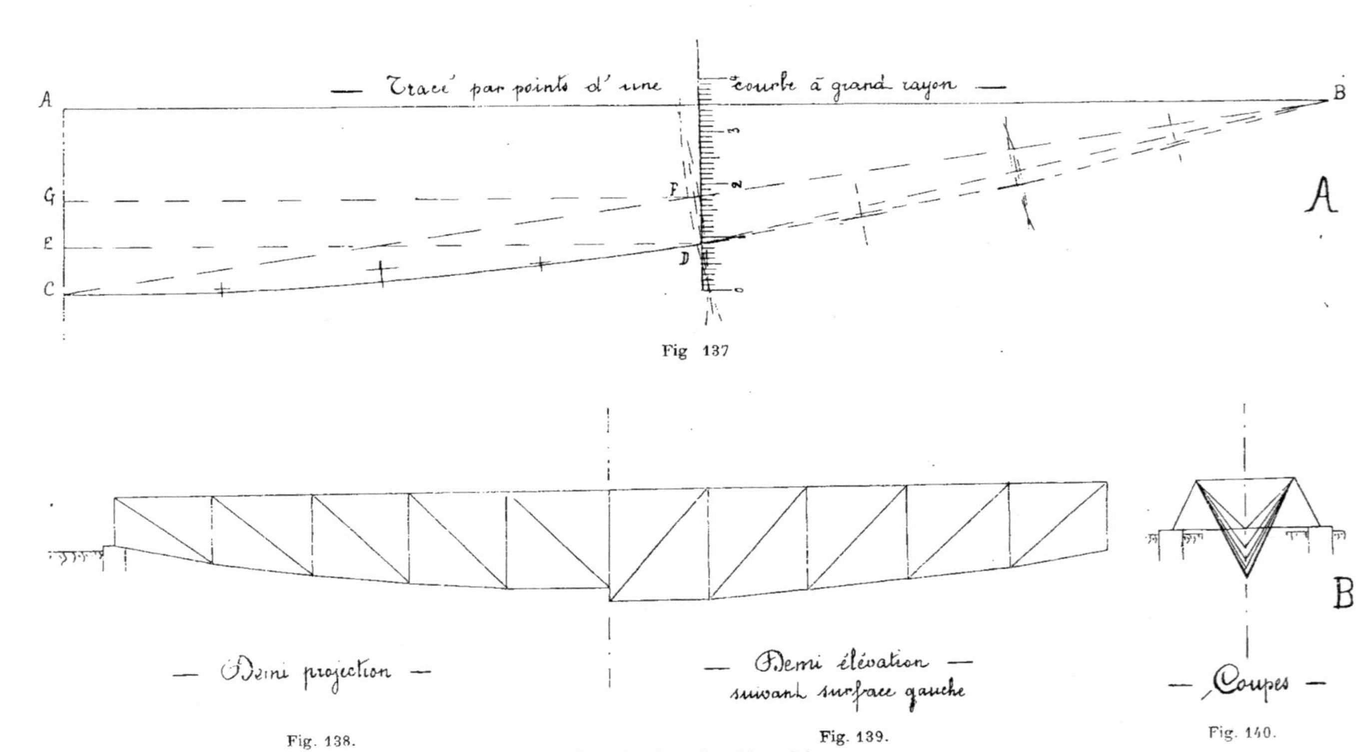

Fig 137

— Demi projection —

— Demi élévation —
suivant surface gauche

— Coupes —

Fig. 138.

Fig. 139.

Fig. 140.

Passerelle à section triangulaire.

ce fait une importance préjudiciable à une bonne exécution). Bien entendu, l'arêtier inférieur ne serait pas tracé d'après sa vue en projection inclinée, mais d'après sa vraie grandeur en projection verticale, et les longueurs des barres diagonales du treillis des faces inclinées seraient déterminées par le calcul qui, étant fait par simple proportion des carrés des côtés, dans les triangles rectangles successifs à inclinaison variable, de l'un à l'autre, sur la verticale, ne présente pas de difficulté.

Le garde-corps viendrait s'attacher sur les entretoises destinées à supporter le tablier, celles-ci seraient plus longues que ne serait la largeur entre les arêtiers supérieurs. La largeur livrée au passage serait donc plus grande que ne le serait l'écartement d'axes des arbalétriers supérieurs (fig. 141).

Tracé d'une courbe à grand rayon. — J'ai fait employer un procédé, très simple d'ailleurs, pour réaliser le tracé d'une courbe à grand rayon dont la corde, soustendant l'arc, ainsi que la flèche, sont connues (la connaissance de la valeur du rayon lui-même étant inutile en l'espèce).

Ce procédé peut être utilisé, aussi bien par le dessinateur, sur sa table, que par le traceur, pour ses épures faites en grandeur réelle sur le chantier.

La corde et la flèche étant tracées suivant les lignes AB et AC (fig. 137) :

Joindre la ligne CB, qui représente la corde de l'arc de cercle dont la longueur est la moitié de celle de l'arc qui a pour flèche AC. La flèche de cet arc CB tendra vers le quart de AC. Si, en effet, l'arc BC est supposé tracé, et que D en soit le milieu, la corde dont DE représente la moitié de la longueur est égale à CB et, par suite, la flèche DF est égale à la flèche CE.

Si FG est tracé parallèlement à AB, il en découle que :

$$CG = GA = \frac{AC}{2}.$$

EG approche d'autant plus de DF (et, par suite de CE), que DF est moins incliné par rapport à AC.

Il s'ensuit que DF approche d'autant plus du quart de AC que le rayon est plus grand par rapport à la demi-corde AB.

Il est donc indiqué de porter sur la perpendiculaire élevée au milieu de CB, une longueur FD, légèrement supérieure au quart de AC, et cela afin que le point D ainsi obtenu appartienne à la courbe cherchée.

Le point D peut d'ailleurs être situé d'une façon précise, en se servant d'un double décimètre par exemple, et en le plaçant comme il est indiqué sur la figure. La distance entre le 0 de la graduation et le point D devra être égale à celle qui aura été prise pour la détermination de FD, ce qui aura pour conséquence de placer D de telle sorte qu'il appartienne à un des points de la courbe.

S'il est tracé en D une parallèle à CB, sur une longueur qui soit en rapport avec la précision à réaliser, cette parallèle, formant tangente à la courbe BDC, sera sensiblement sur le tracé de ladite courbe.

La courbe sera donc obtenue en répétant le tracé, tel qu'il vient d'être développé

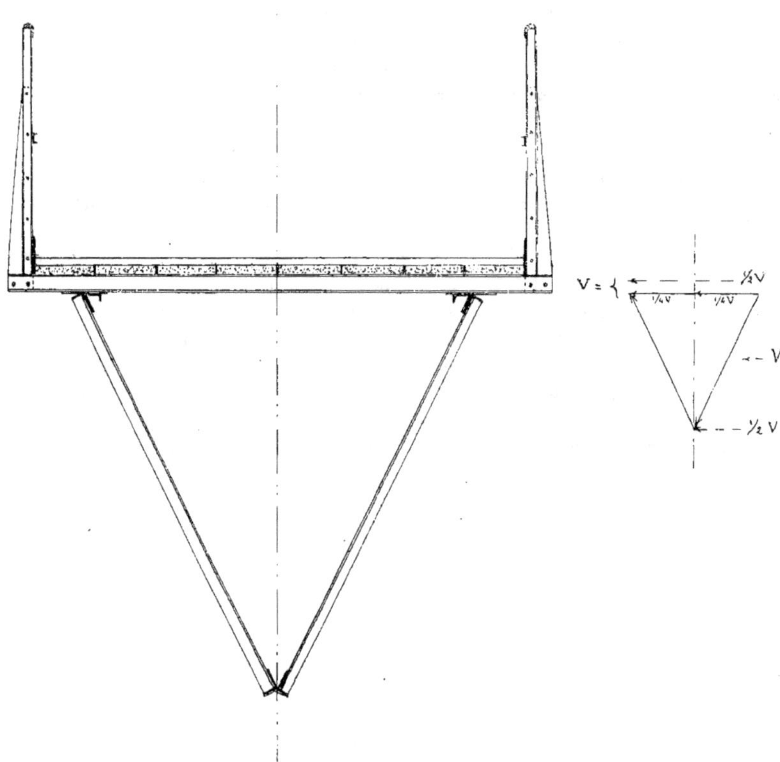

Fig. 141.   Fig. 142.
Passerelle à section triangulaire. Coupe dans le milieu de la longueur.

ci-dessus, pour des longueurs d'arc allant en décroissant chaque fois de moitié par rapport aux précédentes.

En pratique, il suffit d'opérer comme cela est indiqué sur la partie CD de la figure :

Tracer une faible longueur de la corde, celle qui correspond au milieu de ladite ;

Tracer deux arcs de cercle divisant ladite corde en deux parties égales, ces arcs de cercle étant suffisamment rapprochés, tout en se coupant, pour que la direction de la flèche soit précisée.

Section à six cornières. — La forme triangulaire d'un ouvrage, dont la section est constituée par un triangle équilatéral, peut facilement être réalisée par l'emploi de trois poutrelles en treillis, une sur chaque face.

Dans ce cas, chacune des poutrelles est formée de deux demi-arêtiers en cornières inégales, demi-arêtiers sur lesquels sont rivées les barres de treillis. Ces barres sont alors rivetées dans la grande branche de la cornière, soit à l'intérieur de l'aile (fig. 143). Chaque arêtier est donc formé de deux cornières inégales, dont les grandes branches font entre elles un angle de 60°. Le moment d'inertie, que présente cet arêtier en vue de s'opposer au flambage résultant de l'effort de compression auquel il est exposé, est supérieur à celui de deux cornières de même échantillon, assemblées en té avec un écartement entre talons, qui lui permette de présenter la même valeur de I dans les deux directions d'axes à 90° l'une de l'autre. Pour deux cornières inégales de 70 /50 /6, orientées à 60°, et avec l'écartement normal résultant de l'interposition du gousset d'assemblage, I minimum égal 794 000, alors que pour deux cornières placées en té, avec les grandes branches se regardant, I égal 676 000, si l'écartement entre les branches correspond au maximum d'utilisation (fig. 144). Le rapport est donc égal à 1,15.

J'ai fait calculer une série complète de tableaux de construction donnant :

Les valeurs de I, pour deux cornières égales, et pour deux cornières inégales, placées à 60° l'une par rapport à l'autre ;

Les valeurs de I, et de $\dfrac{I}{v}$, pour les formes à section triangulaire évidée composées de six cornières égales et de six inégales, et correspondant à des rayons de cercles circonscrits de grandeurs successives. (Il en sera parlé plus spécialement dans : *Les appareils de Levage* Louis Perbal, leur description).

Les réalisations que j'ai fait exécuter, en me basant sur les principes développés plus haut, m'ont donné toutes satisfactions.

Assemblage à broche. — Lorsque des constructions en treillis, à forme triangulaire, avec les trois arêtiers constitués chacun par deux cornières, égales ou inégales, formant entre elles un angle de 60°, sont utilisées pour la réalisation d'appareils destinés à être montés et démontés d'une façon fréquente, il y a avantage à n'employer qu'une broche et une clavette pour former l'assemblage de chacun des tronçons des arêtiers avec le tronçon suivant.

Les cornières sont ouvertes à leurs extrémités, à l'angle de 120°, de telle sorte que les faces de leurs ailes se présentent symétriquement par rapport à l'axe du doublage (fig. 145 et 146).

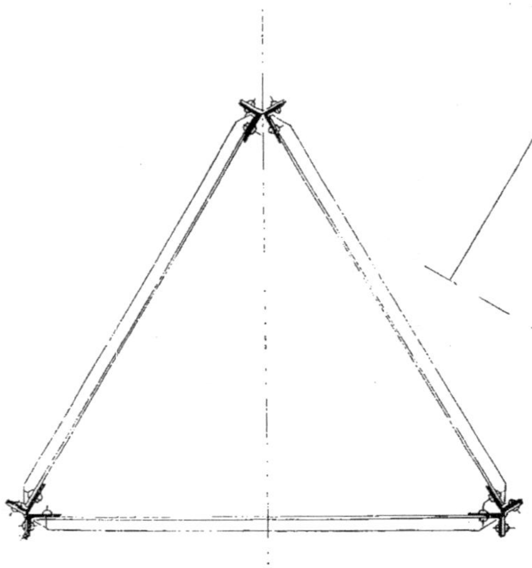

Fig. 143.

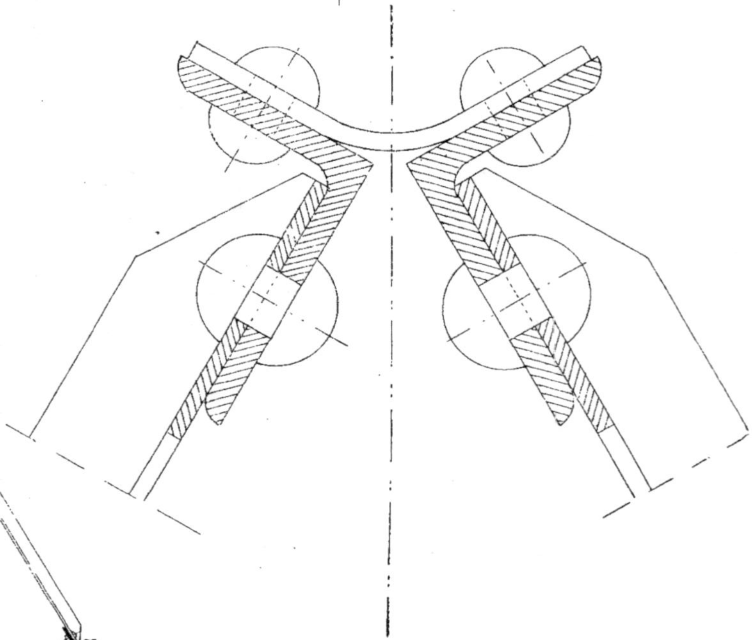

Fig. 144.

Section triangulaire à six cornières d'arêtier.

Les cornières sont coupées de telle sorte qu'elles se trouvent en prolongement l'une de l'autre après que l'assemblage a été réalisé.

Les deux cornières de l'une des extrémités (côté mâle) de l'assemblage sont prolongées au moyen d'un gousset rivé à l'extérieur de chacune des cornières (à l'intérieur de l'X formé par la paire).

Les deux cornières de l'autre extrémité (côté femelle) sont renforcées intérieurement par un gousset ayant même épaisseur que les ailes desdites cornières.

Le trou, destiné au passage de la broche, est percé dans ce dernier dispositif d'extrémité (cornière + gousset de renforcement intérieur) et correspond avec le trou

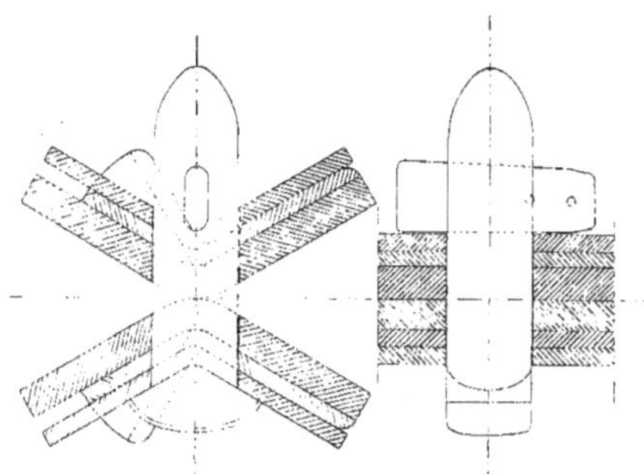

Fig. 145. · Fig. 146.
Broche pour assemblage.

percé dans les goussets prolongeant les deux cornières du dispositif précédemment décrit.

Le diamètre de la broche correspond, comme résistance possible au double cisaillement, à l'effort dont les deux cornières d'arêtier sont capables.

La clavette plate est exécutée avec une pente de 1/20. Elle est munie d'un trou, vers la partie étroite, en vue d'y placer éventuellement une goupille fendue, ou une simple pointe de charpentier. La sortie intempestive de la clavette peut ainsi être évitée. La clavette étant engagée dans la broche avec sa partie large placée en haut, et la broche ne pouvant tourner sur son axe, elle n'a pas tendance à sortir de sa mortaise.

En employant les procédés qui viennent d'être indiqués, les pièces qu'il suffit de manier pour réaliser l'assemblage de deux tronçons successifs se réduisent à six : trois broches et trois clavettes. Ces procédés, qui ont fait l'objet de brevets à mon nom, et qui actuellement sont tombés dans le domaine public, m'ont donné toute satisfaction au point de vue de leur utilisation.

Le dispositif d'assemblage réalisé à l'aide d'une broche et d'une clavette, ne doit être utilisé que dans le cas où la broche travaille au double cisaillement, par la réunion de tronçons d'arêtiers, qui soient doublés symétriquement par rapport à l'axe longitudinal.

Lorsque les deux tronçons sont superposés, il en résulte que, dans le cas d'appareils de levage dont il est question ici, les efforts dans l'arêtier étant exposés à changer de sens, l'assemblage doit être réalisé à l'aide d'un boulon, comme l'indiquent les figures 13 à 18, et cela dans le but d'éviter le renversement d'inclinaison dudit boulon, par rapport à l'axe longitudinal, et par suite la tendance à la dislocation qui en résulterait pour le cas où une broche serait employée.

Conception. — L'adoption de la section triangulaire, en ce qui concerne l'exécution des pièces longues exposées à des efforts de compression ou de flexion (ou à ces deux efforts combinés), présente un avantage incontestable. Mais pour que sa réalisation soit correctement assurée, il est indispensable que l'ingénieur puisse se rendre compte exactement de ce qui résultera de chacune de ses conceptions. Il doit pouvoir suivre la succession des différents stades nécessaires à leur exécution à l'atelier, tout en gardant la maîtrise de leur rendu final. Pour arriver à ce résultat, il faut que le personnel du bureau d'études soit entraîné en conséquence. L'ingénieur (non plus que le dessinateur) ne doit pas hésiter, si besoin est, à exécuter un modèle réduit, sur papier épais par exemple, afin de lui permettre de préciser sa pensée.

Il y a cependant certains sujets qui sont réfractaires à cette gymnastique de l'esprit, soit par impossibilité intellectuelle, soit plus souvent par indolence, et parfois, par suite d'idées préconçues. Ils doivent être écartés.

XII

SUR LES CHARPENTES D'APPAREILS DE LEVAGE

Parmi les différentes considérations qui ont été développées, se trouvent les matériaux dont il est indispensable de connaître les propriétés lorsqu'il faut aborder la construction des charpentes des appareils de levage, et tout particulièrement lorsque les dimensions de ceux-ci atteignent une certaine envergure.

Pour arriver à la réalisation d'appareils de ce genre, il faut simultanément *voir* la forêt dans son ensemble, et les arbres en particulier : l'ensemble dans sa forme enveloppante s'opposant à l'action des efforts déformants, et les détails dans leur réalisation minutieusement orientée vers le but final.

L'ingénieur doit être capable de *voir* la construction se réaliser au fur et à mesure qu'il en dessine les plans d'exécution, comme s'il possédait dans son cerveau la possibilité de la photographier stéréoscopiquement.

Il doit élever ses conceptions, qui sont habituellement limitées à la géométrie à deux dimensions dans le plan, telles que l'école les lui a enseignées, à celles à trois dimensions dans l'espace, telles que l'appareil à étudier l'exige pour sa réalisation.

Les sujets qui sont capables d'aborder ces conceptions ne sont pas aussi rares qu'on pourrait le supposer, on peut en trouver quelques-uns parmi ceux qui se sont spécialisés dans la construction métallique. Par contre, l'orientation d'esprit du mécanicien s'oppose nettement, pour l'ingénieur qui en est imbu, à la conception des charpentes de ce genre.

Les charpentes destinées à être utilisées dans les appareils de levage sont astreintes à certaines règles générales, ainsi qu'à certaines règles spécialement applicables d'après les cas d'espèces envisagés.

Pour les charpentes d'appareils de levage établis à poste fixe, le coefficient de résistance admis par l'ingénieur chargé des études doit présenter toutes garanties possibles de sécurité. Il devra tenir compte des observations qui ont été développées antérieurement.

Il ne faut pas perdre de vue que la décomposition des efforts, tels qu'ils viennent se présenter à l'intérieur d'une construction en charpente métallique en treillis, ne peut en aucun cas avoir d'influence sur les résultantes qui découlent de la décomposition des forces agissant extérieurement par rapport au système considéré. Celles-ci, primordiales en tout état de cause, ne peuvent en aucun cas être influencées par les causes accessoires, comme celles qui résultent de la disposition des barres de treillis par exemple.

Flexibilité. — La conception, dans ses lignes générales enveloppantes, doit être telle que la flexibilité d'ensemble qui en résultera soit très limitée.

Corrélativement, dans le détail d'exécution des barres constitutives, le corps de

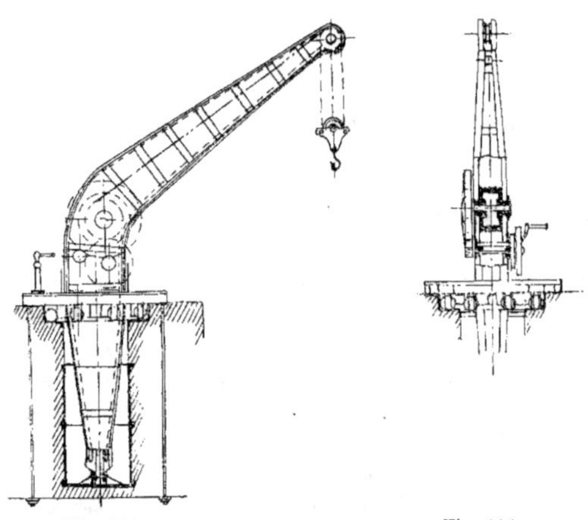

Fig. 147.   Fig. 148.
Grue tournante. Fût en caisson continu.

celles-ci, par rapport à leur longueur libre entre nœuds consécutifs, doit être suffisant pour que les vibrations, qui se répercuteront au moment où l'appareil est en service ne soient pas sensibles. Un appareil de levage, ou un pont, qui font entendre un bruit de ferraille pendant l'opération de levage, ou lors du passage des trains, sont des ouvrages mal conçus au point de vue des éléments constitutifs. La flexibilité exagérée provoquée par l'emploi d'éléments trop maigres, peut provenir d'une erreur de conception, lorsqu'il a été prévu un écartement exagéré entre les arêtiers constitutifs par exemple.

La proportion de largeur de la pièce hors arêtiers, par rapport à la longueur de la dite, ne sera pas inférieure à un sixième, et elle s'établira préférablement vers un cinquième, dans le sens où agit l'effort principal, et lorsque le moment des forces extérieures va en croissant par rapport à la longueur.

A ce point de vue, la grue (fig. 147 et 148), avec sa continuité de section du corps pour la flèche, et sa proportion d'ensemble, donne toute satisfaction. La forme en est élégante.

La flèche de la grue (fig. 149 et 150) présente des proportions acceptables.

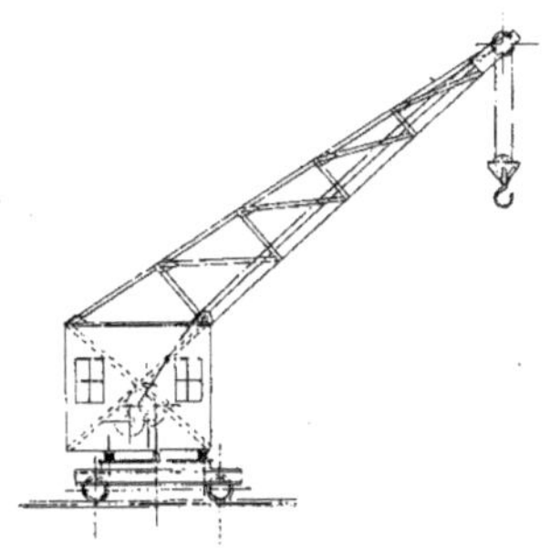

Fig. 149.

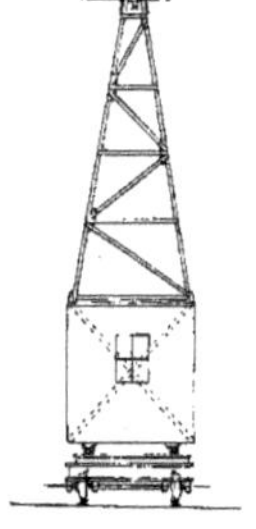

Fig. 150.

Grue tournante sur rails. Flèche triangulée.

En ce qui concerne la flèche de la grue (fig. 151), la hauteur se trouve à la limite de proportion par rapport à la longueur, limite qui a été indiquée au sixième. Néanmoins, cette proportion se défendrait dans le cas où la charge à manutentionner serait relativement peu élevée par rapport à la portée de la flèche.

La largeur hors arbalétriers, ne doit évidemment pas diminuer d'importance, lorsqu'il s'agit de la partie verticale du fût de l'appareil, en allant de la naissance de la flèche jusqu'au point de réac· tion, puisque cette largeur constitue l'une des caractéristiques qui tend à limiter la trop grande flexibilité du système.

Dans la grue (fig. 147 et 148), qui constitue un levier coudé du premier genre, la largeur de section va en croissant depuis le point où le fardeau est suspendu, jusqu'au droit de la couronne horizontale des galets de roulement d'orientation, qui correspond à l'articulation du levier, la largeur de section va ensuite en décroissant, jusqu'au pivot

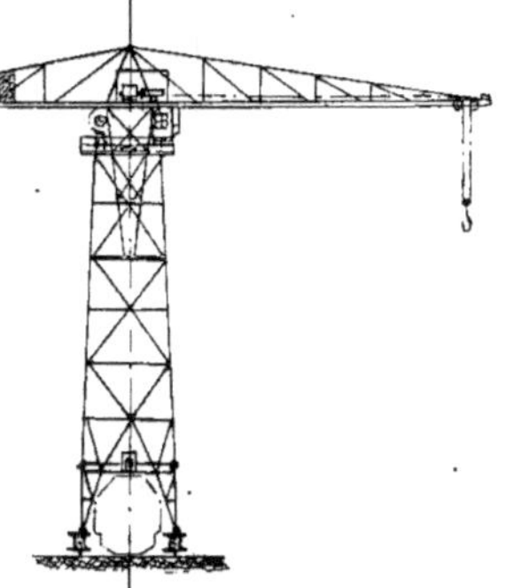

Fig. 151. — Grue flèche à contrepoids chariot roulant sur la flèche.

qui constitue le point d'application de la réaction sur l'autre branche du levier.

Dans la grue (fig. 149 et 150), la largeur de section croît, comme il a été dit, depuis le point d'application de l'effort jusqu'à la naissance de la flèche, elle augmente d'une façon exagérée, esthétiquement (ou logiquement) parlant, mais cette exagération de largeur pourrait à la rigueur être motivée par la nécessité de trouver la place pour le mécanisme, comme aussi pour le conducteur de l'appareil. La largeur de stabilité croît, depuis la naissance de la flèche jusqu'au droit des galets de roulement sur le truc

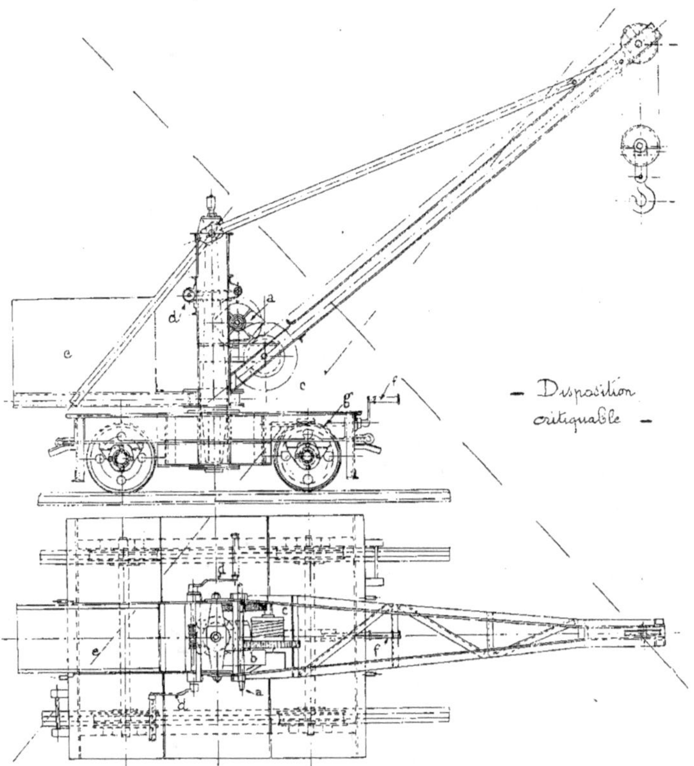

Fig. 152 et 153. — Grue roulante sur rails pivotante.

porteur. Elle croît enfin depuis ces galets jusqu'à l'écartement entre axes des essieux. Cette grue, bien que critiquable, a donc une conception, en vue d'utilité, se défendant par des considérations découlant d'origines différentes. Elle n'est pas élégante dans sa forme d'ensemble, parce que la directive qui l'a déterminée n'est pas univoque.

Par contre la grue des figures 8 et 9 repose sur une conception qu'un charpentier jugera indéfendable. C'est en effet le mécanicien, l'être qui a précédé pour ce genre de grue le charpentier actuel dans l'évolution, qui en est l'inventeur. Cette grue présente, en première ligne, un « ressort de flexibilité » qui est déterminé par la hauteur du triangle formé par la flèche proprement dite (son tirant et le fût), et qui est supérieur par rapport à la portée comme proportion, à 1 sur 2,4. Elle présente en dernière ligne un ressaut brusque, en ce qui concerne le « ressort de flexibilité » qui n'est plus, dans le pivot du fût, que d'un vingtième comme proportion de largeur de section, avec la portée de la grue. Si des appareils de ce genre avaient, soit pour la flèche, soit pour son tirant, une direction horizontale, c'est-à-dire une direction qui permette à l'œil de l'observateur de se rendre compte de la flexibilité exagérée que prend l'appareil dans sa variation entre le travail en charge maximum et le repos à vide. le dit observateur en serait frappé, sinon indisposé. Mais étant donné la direction inclinée par rapport aux repères visuels se basant sur l'horizontale ou sur la verticale, l'attention n'est pas retenue sur la dite flexibilité.

Au point de vue du « mécanicien », les conceptions des figures 8 et 9, 152 et 153, se défendent, en raison de la réduction de l'importance des efforts au droit des articulations assurant le pivotement des grues considérées. En effet, plus grand est l'écartement entre la flèche et le tirant, moins importantes sont les réactions au droit des tourillonnements, et par suite, moins importantes les résistances dues au frottement de mouvement.

Poteaux de trolleys. — La mode a parfois une influence néfaste lorsqu'elle s'applique à la charpente métallique. La conception simpliste qui a été appliquée à des grues genre figures 8 et 9 a persisté, et persiste encore.

Un exemple de cette mode se présente dans la conception, que nous avons trouvée en venant au monde, utilisée pour les poteaux supportant les réverbères, les lampes à arc, les fils des trolleys des tramways, etc.. Dans ce genre de construction, l'effort résultant du poids appliqué à l'extrémité de la potence, va en croissant d'action, depuis le haut du poteau (si celui-ci reste vertical) jusqu'au pied du dit. En ce qui concerne la résistance du fût du poteau, il faut tenir compte de l'effort dû au vent, et relativement à son « ressort de flexibilité », il faut également tenir compte de sa hauteur.

Si le poteau dont il vient d'être parlé, au lieu d'être plié à l'équerre, était représenté en ligne droite, scellé dans une paroi verticale, au lieu de l'être dans un massif noyé dans le sol, la chute brusque du « ressort de flexibilité » choquerait la logique de l'observateur (fig. 154 et 155). Nous continuerons longtemps encore à construire les poteaux en question dans cette forme illogique. Cependant ces supports pourraient facilement être disposés suivant schéma des figures 156 ou 157 et être constitués par des tubes coniques, dont la section varierait en rapport avec l'importance du moment des forces extérieures, dont l'influence va en croissant d'une façon variable. depuis le point d'attache du fil jusqu'au niveau du sol.

Proportions d'ensemble. — Lorsque l'appareil de levage a une hauteur de fût appréciable, la hauteur de section de ce fût se trouve influencée par :

a) l'importance de l'effort (charge qui doit être manutentionnée),

b) le bras de levier d'application de celui-ci,

c) l'existence ou non d'un contre-poids,

d) la longueur totale de l'ossature métallique (soit par exemple, dans le cas de la figure 151, la portée de la flèche et celle de la hauteur du pylône).

Les règles à adopter pour ce genre d'appareils sont :

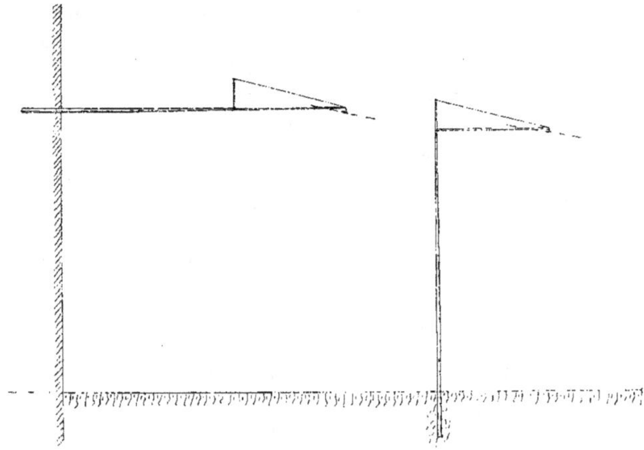

Fig. 154.   Fig. 155.
Poteau de trolley forme usuelle.

Une proportion de hauteur de section de un cinquième à un sixième de la portée de la flèche, comme il a été dit en ce qui concerne uniquement celle-ci ;

Une proportion de un septième pour le fût pivotant à l'intérieur du pylône, étant donné que, pour cette pièce, l'influence contraire du contre-poids par rapport au fardeau placé à l'extrémité de la flèche se fait sentir ;

Une proportion de un dixième à un douzième pour l'influence qu'a la hauteur du pylône sur l'augmentation de section à la base. Ces valeurs, en ce qui concerne la largeur d'empattement, seraient à multiplier par 1.25, dans le cas où l'appareil se déplacerait sur rails, et cela pour l'écartement des essieux, sans qu'il en résulte de changement pour la largeur prise normalement au sens du déplacement sur rails.

Par exemple, dans la figure 151, avec 18 mètres de portée de flèche, et 23 mètres de hauteur de pylône, la charge à manutentionner étant relativement faible, 3 000 kilogrammes par exemple, pour un appareil de cette importance, on aurait :

3 mètres de hauteur de flèche au départ : 18.6.

2 m. 500 de hauteur de section du fût tournant : 18/7 environ,
5 mètres de hauteur de section à la base : soit environ 18/6 ÷ 23/12.

La stabilité statique de l'appareil doit être telle qu'elle soit capable en tout état de cause du coefficient de 1,25.

Pour déterminer le moment maximum des forces extérieures, tendant au renversement de l'appareil, il faut :

a) Compter sur la charge maximum résultant du levage du fardeau, et multiplier ladite charge par 1,25, afin de tenir compte des résistances accidentelles,

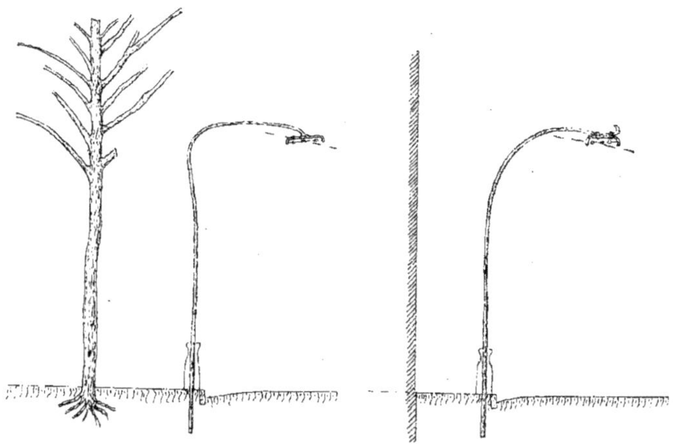

Fig. 156.   Fig. 157.
Poteau de trolley, forme arquée.

b) Compter sur l'action du vent le plus violent pouvant agir dans la région envisagée.

Et pour déterminer le moment relatif à la réaction :

a) Tenir compte du poids propre de l'appareil, celui-ci agissant, par rapport au côté du polygone de sustentation situé dans le sens normal à la direction dans laquelle la chute de l'appareil serait le plus probable, avec une distance égale à celle du centre de gravité par rapport au côté considéré, et mesurée suivant la normale au dit ;

b) Compléter s'il y a lieu, en faisant intervenir, à la distance voulue, soit des massifs de fondation, soit des contrepoids, de masse suffisante, en tenant compte du coefficient de 1,25 indiqué plus haut.

Courbes à grand rayon. — La forme d'ensemble d'un appareil de manutention peut donner satisfaction à notre sentiment d'harmonie dans la logique, lorsqu'elle est réalisée par des lignes enveloppantes à grande envergure.

Les impressions que produisent les courbes à grand rayon affectant, suivant le cas, la forme circulaire, elliptique, ou parabolique, sont toujours satisfaisantes.

Mais il n'est pas indiqué de constituer les arêtiers au moyen de barres cintrées.

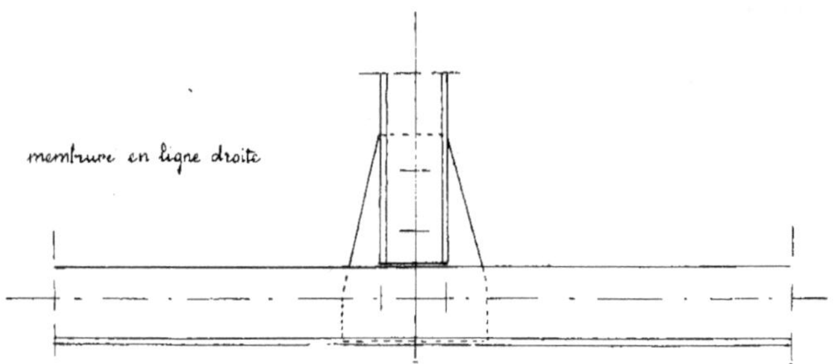

Fig. 158. — Gousset sur cornière droite.

L'emploi de pièces cintrées exige en effet un supplément de métal par rapport à la pièce droite, en raison de l'existence d'un effort de flexion, qui vient s'ajouter à celui de traction, ou de compression, auquel l'élément considéré doit déjà être capable de résister. En outre, le « ressort de flexibilité » s'accroît, du fait de l'élasticité du métal

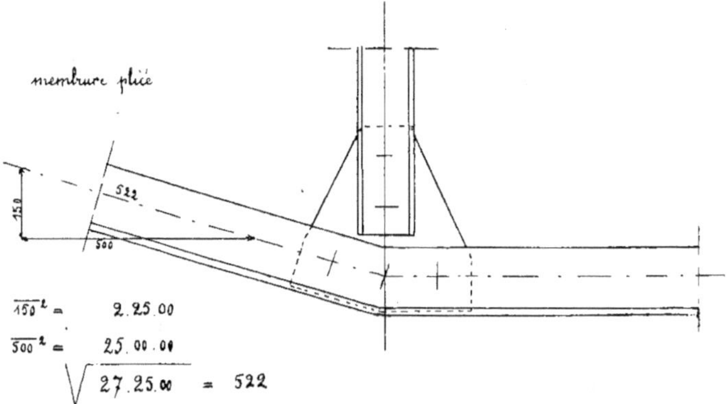

Fig. 159. — Gousset sur cornière pliée.

qui se trouve augmenter d'importance aussi bien pour les éléments que pour l'ensemble de la construction.

La réalisation charpentière de ces courbes à grand rayon consiste à en donner l'impression, par l'exécution d'un polygone inscrit, ou circonscrit, par rapport à la courbe, et dont les sommets constituent les nœuds de la triangulation d'ensemble, de telle sorte que les côtés, constituant l'intervalle compris entre deux nœuds successifs, se trouvent formés par des lignes droites.

Dans ce genre de conception, on doit tenir compte, pour la réalisation des assemblages, du fait que les côtés successifs ne se trouvent pas placés en prolongement les uns par rapport aux autres. Il est donc prudent d'adopter un nombre de rivets plus important qu'il ne le serait dans le cas habituel, pour assurer la fixation des barres sur le gousset, qui, dans le cas de la ligne droite, n'ont pour but que de s'opposer au déplacement du nœud dans le sens de l'arêtier.

Le nombre de rivets supplémentaires à adopter dans ces cas de pliage de la barre, est évidemment fonction de l'angle au sommet de l'élément de polygone considéré.

Par exemple, pour un pliage à 30 p. 100, il faudrait adopter une fois et demie le nombre de rivets correspondant au cas de la ligne droite (fig. 158 et 159).

Appareils de manutention. — Les appareils de manutention destinés à l'exé-

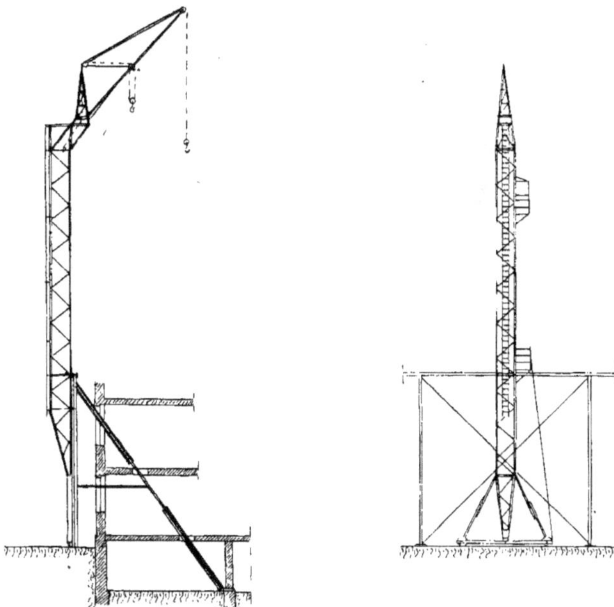

Fig. 160.   Fig. 161.

Mât grue Louis Perbal.

cution de travaux de durée limitée, comme ceux qui sont utilisés sur les chantiers de montage ou d'entreprise, peuvent avoir des proportions plus faibles que celles indi-

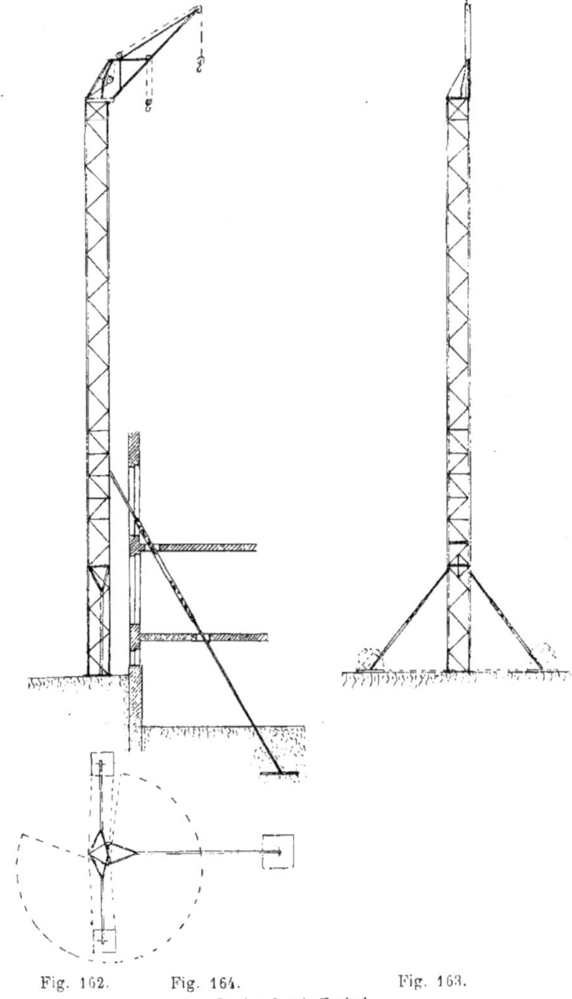

Fig. 162.   Fig. 164.   Fig. 163.

Sapine Louis Perbal.

quées ci-dessus, relativement à la largeur de fût par rapport à la portée de la flèche, ou à la hauteur. Dans ce cas, le « ressort de flexibilité » sera évidemment plus fatigué qu'il ne l'est dans les appareils fixes. Il faut en tenir compte en ce qui concerne le choix des coefficients à appliquer au métal.

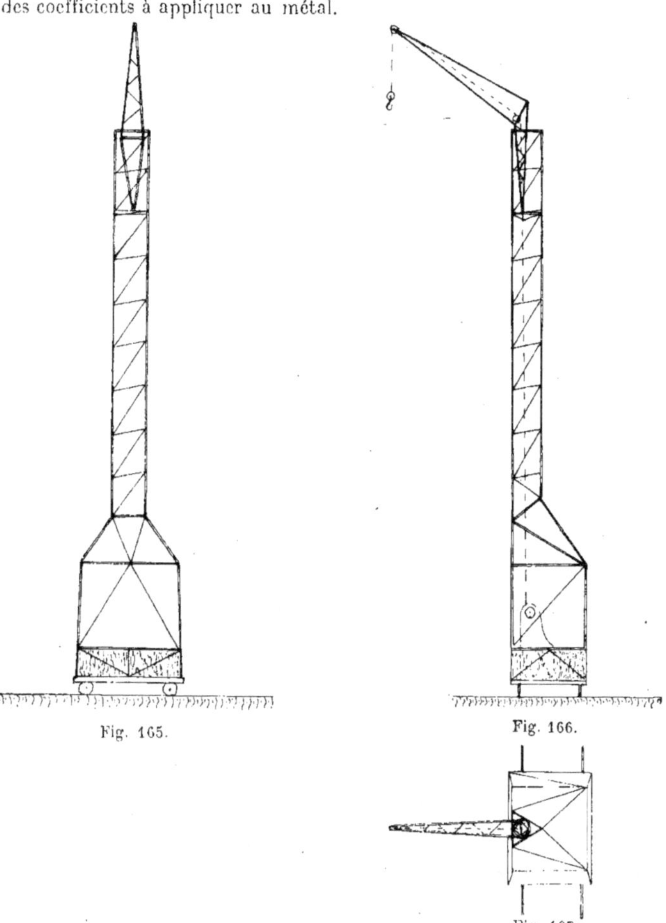

Fig. 165.   Fig. 166.

Fig. 167.

Sapine Louis Perbal, force 500 kilogrammes.

Dans les appareils de levage de grande hauteur, comme ceux que j'ai conçus et mis au point pour l'édification des immeubles, la hauteur de section du fût vertical dans ces appareils, d'après l'ordre de leur ancienneté de conception, est :

1 m. 200 pour les « mâts-grues » à section carrée, dont la hauteur peut atteindre 36 mètres, avec une flèche dont la portée maximum est de 7 m. 700 (fig. 160 et 161) ;

1 mètre pour les sapines métalliques à section triangulaire, dont la hauteur peut atteindre 30 mètres, avec une flèche dont la portée peut atteindre 4 m. 600 (fig. 162 à 164)

0 m. 600 pour les sapines métalliques à section triangulaire, dont la hauteur peut atteindre 16 mètres, et la portée de la flèche est normalement de 3 mètres (fig. 165 à 167).

La section du fût de ces appareils, qui cependant ont fait leurs preuves en ce qui concerne la sécurité qu'ils réalisent dans leur emploi, est nettement au-dessous des chiffres qui ont été indiqués pour les appareils installés à poste fixe. Il a été nécessaire en effet de tenir compte des sujétions imposées par l'entrepreneur utilisateur, d'où il résulte que la saillie vers la chaussée par rapport au bâtiment doit être réduite au minimum possible.

D'un autre côté, il était tout indiqué d'adopter un genre de construction qui permette de faire varier, dans des limites assez étendues, la hauteur de l'appareil en rapport avec la hauteur des constructions à édifier.

Le « Mât-Grue » est le plus élastique parmi ces appareils, puisque sa largeur de fût, au droit de son attache, est près de trois fois moins forte qu'il ne serait nécessaire à un appareil fixe de même importance.

Les deux modèles de sapines à section triangulaire, ont une section deux fois et demie plus faible que celle d'un appareil fixe correspondant. Elles sont moins flexibles que le mât-grue, en raison de la section du fût, qui est triangulaire au lieu d'être carrée.

L'empattement du mât-grue sur le sol est de 5 mètres, dans le sens où il se déplace le long du chemin de roulement. La portée de la flèche, dans ce sens, ne peut dépasser 6 m. 600. Cet écartement des galets approche des chiffres qui ont été indiqués :

1 /6 de la portée de la flèche, soit : $\dfrac{6\ 600}{6}$ ou 1 100,

1 /12 de la hauteur du fût, soit : $\dfrac{36\ 000}{12}$ ou 3 000

Ensemble : 4 100, à multiplier par 1,25, ce qui demanderait 5 m. 125, mais il faut tenir compte du fait que le mât-grue est accroché, par le moyen d'un dispositif à galets, à un chemin de roulement placé à 10 mètres de hauteur au-dessus du sol.

Avec une valeur de 10 mètres d'écartement entre les deux rails placés verticalement, l'empattement est évidemment assuré.

L'empattement des sapines à section triangulaire est largement réalisé.

Le fût du « mât-grue » est constitué par quatre cornières égales placées aux

sommets des angles de la section carrée. Il y a deux cornières de 90/90/11, pour constituer les deux arêtiers placés vers le bâtiment, soit du côté où l'excentricité de la tête
est accusée. C'est le côté où l'effort dû à la compression est maximum. J'ai fait adop-

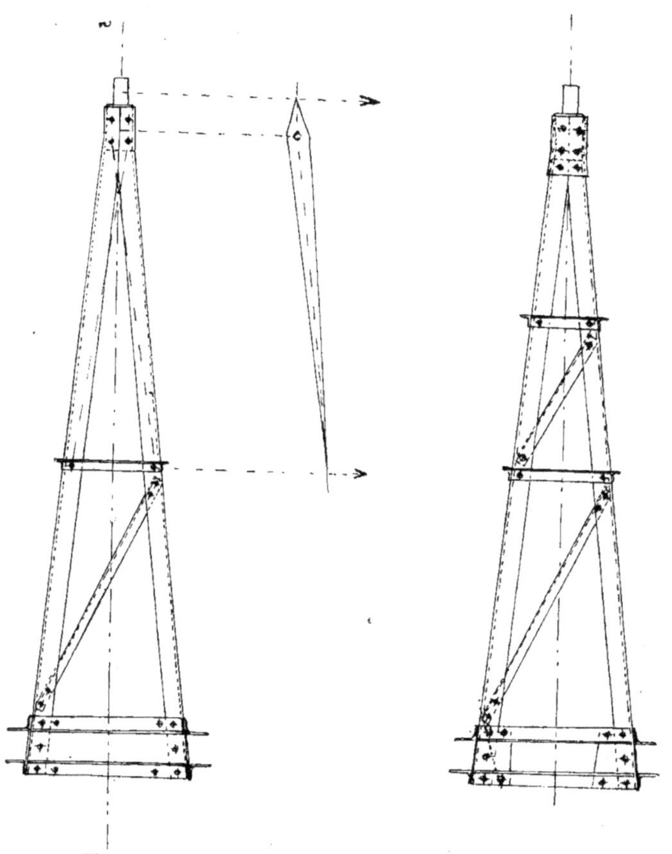

Fig. 168.   Fig. 169.   Fig. 170.

Mât-grue Louis Perbal. Renforcement de la pointe de diamant.

ter en dernier lieu le dispositif d'assemblage des différents tronçons les uns avec les
autres, par des boulons placés dans les angles de chacun des arêtiers, tel qu'il a été
indiqué page 25. Les barres de treillis du fût sont formées de cornières égales de
45/45/5.

Le fût des sapines est, comme il a été dit, en forme de section triangulaire.

Dans la sapine du plus grand modèle, chaque arêtier est constitué par deux cornières de 70/50/6. Les joints des tronçons sont réalisés à l'aide de mon dispositif à broche et clavette décrit page 101. Les barres constituant le treillis sont des cornières de 50/30/4.

Dans la sapine du plus petit modèle, chaque arêtier est constitué par une cornière de 60/60/6. Les joints des tronçons sont réalisés au moyen d'un boulon d'angle, et les barres de treillis sont formées de cornières de 30/30/5, aplaties à leurs extrémités, et repliées à plat sous un angle de 15°, comme il a été dit page 16.

Assemblages vers le sommet. — Dans le « mât-grue », la « pointe de diamant », excentrée par rapport au fût, et portant la flèche, a dû être renforcée par la suite, en raison des déformations auxquelles elle s'est trouvée exposée.

Le calcul des quatre arêtiers d'angle, en cornières de 90/90/11, formant le tronc de pyramide, avait en effet été effectué sans tenir compte du fait que la triangulation au sommet n'était pas réellement réalisée.

Le dernier panneau supérieur de la triangulation (fig. 168 à 170), est en effet un trapèze, et doit être traité d'une façon analogue à celle de l'extrémité d'une ferme de charpente de comble, comme il a été exposé page 33. Il y a donc lieu de tenir compte de la triangulation qui serait effectivement réalisée, si les lignes diagonales étaient tracées dans le trapèze considéré.

En outre, l'application de l'effort horizontal, résultant du couple dû à l'action de la flèche, n'est pas faite au droit du sommet du triangle supérieur, ou du petit côté supérieur du trapèze, il se produit donc l'intervention, dans chacune des quatre cornières, d'un levier du premier genre, faisant travailler ces cornières en flexion, chacune pour le quart de la valeur de l'effort total.

L'admission de ces hypothèses m'a conduit :

a) A diminuer de moitié la longueur libre des arêtiers, dans le dernier panneau supérieur, par l'adjonction d'une barre de treillis horizontale et d'une diagonale inclinée (fig. 170) ;

b) A cercler, par un chapeau en tôle pliée, l'ensemble des quatre arêtiers, au droit de l'attache de la pièce décolletée d'articulation de la flèche, afin d'empêcher l'écartement desdits arêtiers.

Les « pointes de diamant » de mes « mâts-grues » ainsi renforcées m'ont donné, et donnent encore toute satisfaction.

Assemblages à l'extrémité des flèches. — Les observations faites en ce qui concerne la pointe du triangle extrême dans une construction triangulée, s'appliquent au cas de la pointe de la flèche des grues, et en particulier dans le cas où la dite flèche est destinée à supporter un chariot se déplaçant sur sa longueur (cas de la figure 151 par exemple).

Pour des cas de ce genre, j'ai fait adopter la solution de la figure 171, qui m'a donné satisfaction.

Une pseudo-articulation se trouve réalisée par le fait de l'existence d'une rondelle tournée, et qui est placée entre les âmes des U formant le chemin de roulement du chariot. Cette rondelle est reliée à ceux-ci au moyen d'un nombre suffisant de

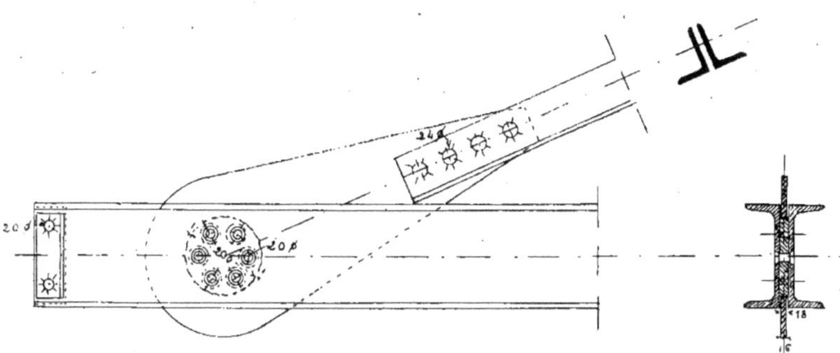

Fig. 171. — Gousset de pointe de triangle d'une grue à chariot roulant.

rivets pour pouvoir résister à l'effort de traction existant dans le tirant supérieur de la flèche. Ces rivets sont à tête fraisée, et rivés fraisés également, afin de ne pas gêner le passage du chariot.

Le gousset, d'épaisseur plus faible de 2 millimètres que ne l'est celle de la rondelle, porte un trou alésé, avec, également, un jeu de 2 millimètres en diamètre. Le tirant s'attache à lui au moyen de boulons en nombre suffisant.

Équilibre statique. — Pour les appareils de levage, genre grue de la figure 151 par exemple, dans lesquels la flèche atteint une certaine importance comme longueur, le moment des forces extérieures tendant au renversement (poids du fardeau × longueur de la flèche ÷ poids propre de la flèche × demi-longueur de ladite) devient assez élevé. Il y a lieu de contre-balancer l'influence de ce moment par un autre de direction opposée et qui est occasionné par l'intervention d'un contrepoids. (Valeur du contrepoids × longueur de sa flèche ÷ poids propre de la flèche du contrepoids × demi-longueur de cette flèche.)

En opérant de telle sorte que les poids permanents (poids de la flèche, munie de ses accessoires, câbles, poulies, crochet, etc., avec le poids de la flèche du contrepoids, et une partie de ce dernier s'il y a lieu) soient équilibrés, il en découle que, de ce fait, le moment tendant au renversement qui en résulterait se trouve supprimé. Il est indiqué également de faire en sorte que l'action du vent sur la flèche soit sensiblement contre-balancée par celle agissant sur la flèche du contrepoids, lorsque ces deux éléments sont orientés normalement avec la direction du vent.

En ce qui concerne le poids du fardeau lui-même, qui varie de zéro au maximum de capacité de la grue, il faut en contre-balancer la valeur de renversement, de telle sorte que l'action du contrepoids en enlève la moitié. En pratique, on donne à la contre-flèche une longueur égale à la moitié de celle de la flèche proprement dite, et au contrepoids un supplément de valeur (par rapport à celle qu'il a déjà pour aider la contre-flèche lors du premier équilibrage), égal au poids maximum du fardeau à manutentionner.

Il résulte de cette combinaison, que le moment des forces extérieures tendant au renversement de l'appareil, se trouve réduit à la moitié du poids maximum à lever, multipliée par la longueur de la flèche. C'est dire qu'il est réduit de plus de moitié par rapport à ce qu'il aurait été si l'intervention du contrepoids n'avait pas été réalisée.

Vent sur la translation. — L'influence due au vent, dans le sens de la translation sur rails, sur un appareil de levage d'une certaine importance, peut devenir dangereuse si le dit vent atteint, pendant une persistance de temps appréciable, une valeur élevée.

Si, en effet, l'effort est suffisant pour provoquer la translation de l'appareil, l'accélération qui en résultera sera telle que l'outil ne pourra plus être arrêté par les dispositifs prévus, si ceux-ci se trouvent placés aux extrémités des chemins de roulement.

Il est donc nécessaire que les mécanismes de ces appareils soient munis de dispositifs de freinage automatique en ce qui concerne leur mouvement de translation. Dans le cas où ceux-ci n'existeraient pas, le conducteur de l'outil doit être astreint à amarrer son appareil à un point fixe, chaque fois qu'il en suspend l'utilisation.

Orientation de la flèche. — Dans le cas où la flèche d'un appareil est équilibrée, en tant qu'influence du vent sur son orientation, il est indiqué d'orienter la dite flèche, lors des arrêts de l'appareil, de telle sorte qu'elle se trouve défilée par rapport à la direction des vents violents régnant dans la région où la grue est installée, et cela afin d'atténuer l'importance du moment de renversement.

S'il s'agit par contre d'appareils dans lesquels la flèche n'est pas contre-balancée par des contrepoids, ou bien pour qui l'effet de ceux-ci est insuffisant par rapport à l'orientation rendue indifférente sous l'action du vent, il faut faire en sorte, qu'en dehors des périodes d'utilisation de l'appareil, le mouvement d'orientation se trouve suffisamment libéré de toute contrainte, pour qu'il permette à la flèche de se défiler au vent. Il suffit d'interposer un dispositif à friction, à tension de frottement réglable, dont l'action est limitée à une certaine valeur, inférieure à celle qu'occasionnerait l'effort dû à un vent de violence déterminée (au-dessus de 50 kilogrammes par mètre carré de la surface qui lui est offerte par exemple). Dans le cas contraire, le conducteur de l'appareil ne doit l'abandonner qu'après avoir placé la flèche de telle sorte qu'elle soit défilée pour les vents violents régnants.

Arrêt brusque du fardeau. — La descente du fardeau doit être effectuée sans que l'accélération puisse devenir telle qu'elle soit dangereuse, dans l'éventualité d'un arrêt brusque, qui est toujours à envisager.

Le conducteur doit être un homme prudent par nature, et toujours maître de son frein.

Il faut tenir compte que l'accélération provoquée par la descente du fardeau devient d'autant plus dangereuse, en cas d'arrêt brusque, que la hauteur de l'appareil est plus importante. Il est alors prudent d'employer des dispositifs particuliers.

Lorsqu'il s'agit d'un mécanisme actionné par un moteur à vitesse assez élevée, et comportant une série d'engrenages établis en vue de réduire progressivement cette vitesse, il est indiqué de laisser agir en réversibilité, à la descente, lorsque celle-ci n'est pas de longue durée, ce qui est le cas le plus fréquent, tous les harnais d'engrenages, et principalement lorsque le poids du fardeau atteint une certaine importance. Il en résulte une action de freinage qui est due à l'effet d'inertie de mise en mouvement de différentes masses. L'inconvénient réside, dans le cas d'emploi de moteurs électriques, lorsque ceux-ci restent embrayés lors de la descente du fardeau ainsi réalisée, et que la durée de ce mouvement devient trop accentuée, qu'un éclatement des enroulements sur le rotor serait à craindre. Le moteur en l'occurence doit pouvoir être débrayé. Dans tous les cas, le frein doit être manœuvré concurremment à l'emploi du procédé qui vient d'être indiqué, et manœuvré avec prudence.

L'emploi de réducteurs de vitesse à vis sans fin, par suite de leur grande démultiplication, est tout indiqué, parce qu'il limite en fait, automatiquement, la vitesse de descente du fardeau. Mais ce dispositif, s'il est pratiquement irréversible lorsque le fardeau est immobilisé, ne présente pas la même sécurité lorsque celui-ci a déjà reçu un départ de mouvement vers la descente. Dans ce dernier cas, si le réducteur est bien construit et bien lubrifié, le fardeau continue à descendre seul. Il faut donc munir le réducteur d'un frein électromagnétique, ou, à défaut, d'un frein agissant sur l'arbre de la vis sans fin, et pour l'action duquel un effort très faible est suffisant.

Influence dynamique due à l'arrêt brusque. — L'arrêt du fardeau à la descente, effectué trop brusquement, a toujours des conséquences dangereuses pour l'appareil de levage.

La première conséquence à craindre est la rupture du câble de levage, dont l'usure est forcément assez rapide, particulièrement aux points où sa fatigue est maximum :

à l'attache de l'extrémité ;

aux endroits où il porte, par répétition fréquente, sur les poulies de renvoi.

Si le câble résiste, la brusquerie de l'arrêt peut fausser la flèche, ou même la rompre.

Si la flèche résiste, les articulations qui la relient au fût peuvent manquer.

Il est rare que la répercussion s'étende plus avant dans la charpente de l'appareil. En tout cas, l'arrêt brutal du fardeau à la descente ne peut être cause du renversement de l'engin.

L'effort résultant de l'arrêt brusque du fardeau n'est pas en effet instantané, ses répercussions successives ne sont pas immédiatement transmises.

D'après Ch.-Ed. Guillaume, un choc est souvent terminé en un dix-millième de seconde, et a produit tous ses effets locaux. Quant à la transmission à l'intérieur de l'acier doux, la vitesse de cette transmission serait un peu supérieure à 5 kilomètres par seconde, d'après Gaston Moch, « La Relativité des Phénomènes ».

Ces chiffres sont loin d'être atteints en ce qui concerne la transmission possible de l'effort « instantané » (ou à peu près), qui résulterait de l'arrêt brusque du fardeau à la descente. Le câble en effet est formé de torons enroulés en spirales, et, dans chacun des torons, les fils sont eux-mêmes enroulés en spirales. Il en résulte que le choc d'arrêt se trouve très sensiblement atténué, du fait du redressement des spires, qui se répercute par transmission de bas en haut sur la longueur du câble, et que les poulies de renvoi n'en subissent pas la répercussion totale. La charpente métallique elle-même étant élastique, la transmission du choc est encore diminuée de ce fait, dans son intégrité, au fur et à mesure qu'elle parcourt l'appareil, en descendant de l'extrémité de la flèche à la base du pylône.

Par analogie, une noix peut être cassée facilement d'un coup de poing, si elle est placée sur une table en son milieu. Le coup de poing pourrait être d'intensité beaucoup plus considérable, et néanmoins se trouver inopérant dans la plupart des cas, si une noix, de même résistance, était placée sous l'un des quatre pieds de la même table. L'action de rupture résultant du coup de poing, serait d'autant plus atténuée dans ce dernier cas, que la table serait plus légère et plus flexible. Tout le monde connaît l'expérience classique qui consiste à casser un manche à balai, posé horizontalement par ses extrémités sur deux verres en cristal, et à appliquer dans son milieu un effort produit par un choc violent.

Haubans. — L'emploi de haubans constitués par des câbles métalliques, doit être écarté chaque fois qu'il s'agit d'appareils de levage établis à poste fixe, ou devant rester en service pendant un temps appréciable. Leur emploi doit être limité aux engins effectuant le levage de pièces destinées à être assemblées en vue d'en constituer une construction durable.

Les câbles, en effet, ne conservent jamais la forme rectiligne dans leur longueur. Leur poids propre leur fait déjà prendre une forme incurvée sous l'action de la pesanteur, mais ce qui est beaucoup plus grave, les variations de tension auxquelles les câbles sont soumis, ont pour effet de modifier leur courbure, et, par suite, de modifier leur longueur propre d'une extrémité à l'autre. Il en résulte que la pièce qu'ils ont pour but de maintenir, ne conserve pas une position invariable. Si, en particulier, la pièce en question a été étudiée pour avoir une direction verticale, cette dernière ne se trouve pas réalisée en tout état de cause

L'emploi des câbles doit donc être écarté dans toute la mesure du possible lorsqu'il s'agit d'assurer la stabilité d'appareils de manutention. Il est également contreindiqué de les employer, tel que l'usage l'admet généralement, lorsqu'il s'agit de maintenir verticaux des pylônes établis à poste fixe, comme dans le cas de pylônes de T. S. F. par exemple.

Pylônes de T. S. F. — En ce qui concerne les pylônes de T. S. F., la solution à adopter de préférence, est la construction en section triangulaire sans haubans, avec une base de sustentation suffisante pour qu'elle soit capable d'assurer la stabilité en tout état de cause.

La section triangulaire est, en effet, la seule qui soit automatiquement indéformable dans l'espace, comme cela a été expliqué. En outre, cette conception permet de considérer comme certain l'effort de réaction sur le sol qui existe au droit de chacun des trois pieds assurant la stabilité du pylône.

Mât de charge. — Les Américains emploient dans certains cas, pour effectuer les montages, des appareils du genre derrick (fig. 172), dont le mât est maintenu à la tête à l'aide de haubans. L'orientation, dans ce genre d'appareils, est obtenue au moyen de câbles, agissant suivant la direction des deux tangentes à une poulie horizontale, placée presque au niveau du sol, et qui est reliée au mât d'une façon rigide.

Le diamètre de la poulie d'orientation est généralement pris égal au cinquième de la portée de l'appareil.

En raison de l'impossibilité manifeste de réaliser une tension exagérée dans le câble formant hauban, celui-ci fléchit d'une façon appréciable. Si la tension initiale était trop considérable, elle se répercuterait par résultante sur le mât de l'appareil, et provoquerait ainsi, dans le dit, un effort supplémentaire de compression, s'ajoutant à celui qui résulte des efforts transmis par les câbles aboutissant aux extrémités de la flèche (câble de levage du fardeau -｝- câble de relevage de la flèche).

La courbure dirigée vers le sol, qu'affecte le hauban, s'atténue au maximum pour lui lorsque la flèche se trouve en charge maximum, soit lorsqu'elle est dirigée dans le sens nettement opposé au dit hauban (hauban chargé au maximum).

Ladite courbure est au contraire accentuée au maximum pour le hauban en question, lorsque la flèche, chargée au maximum, est dirigée de son côté (hauban déchargé au maximum).

Il résulte de ces considérations que le mât du derrick décrit, en fait, pendant que s'effectue le mouvement complet d'orientation de la flèche, un cône, dont le sommet se trouve coïncider avec le pivot de base, et dont la génératrice présente, avec la verticale, une inclinaison qui est fonction de :

l'importance de la charge ;

la portée variable de la flèche ;

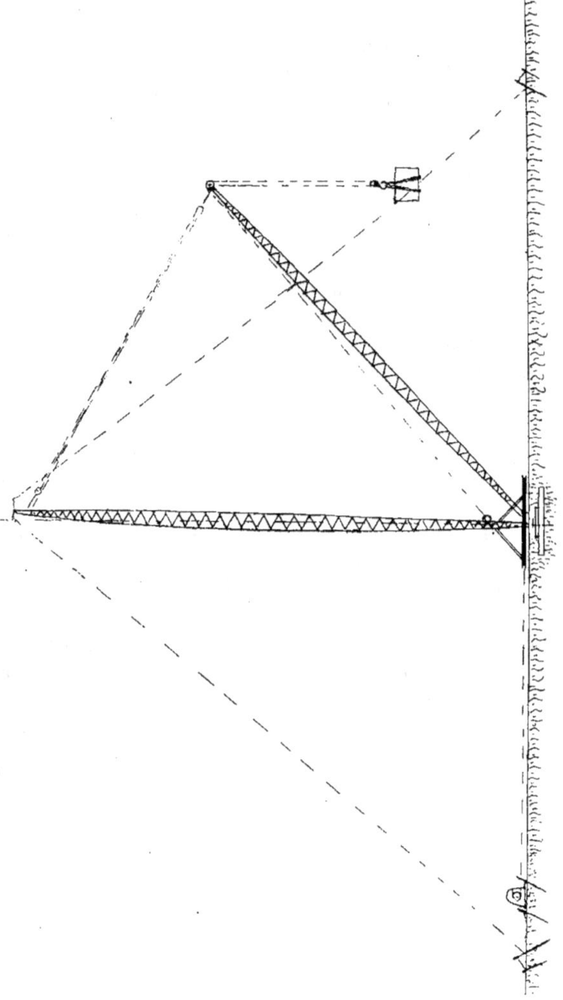

Fig. 172. — Derrick américain au mât de charge.

la tension initiale des haubans.

L'effort dans le câble, destiné à produire le mouvement d'orientation de l'appa-

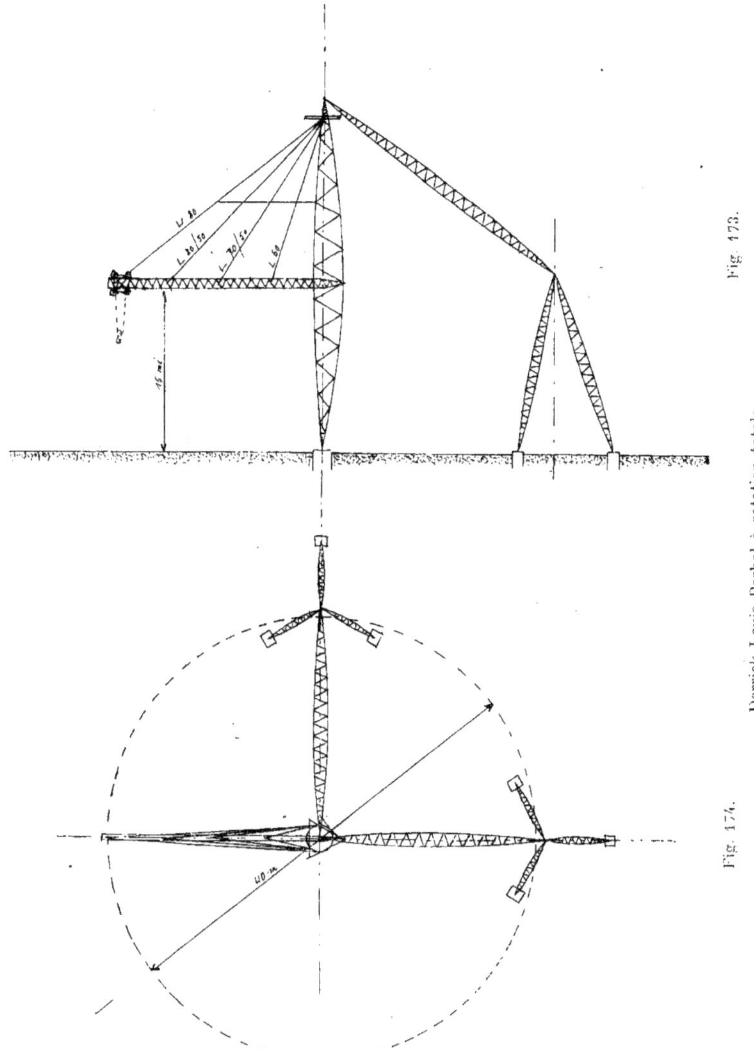

Fig. 173.

Derrick Louis Perbal à rotation totale.

Fig. 174.

reil, doit donc tenir compte du fait qu'il doit être capable de produire le redressement de l'ensemble de l'engin, dont l'axe coïncide avec la génératrice de révolution du cône dont il a été parlé.

Lorsque des tirants de grande longueur doivent être employés dans la constitution d'appareils de levage établis à poste fixe, il est tout indiqué d'utiliser, au lieu de câbles, des laminés de section appropriée.

J'ai réalisé les tirants d'un appareil de levage à rotation totale (fig. 173 et 174), se dirigeant successivement vers l'extrémité de la flèche, par des cornières égales, des cornières inégales, puis des U.

Dans cette conception, les laminés n'ont été placés qu'après avoir reçu un cintrage, déterminant pour chacun d'eux une contre-flèche égale à la flèche qu'ils auraient pris sous charge, par l'action de leur propre poids. Du fait de cette précaution, il est résulté que lesdits laminés se sont maintenus en ligne droite, quelle que soit l'importance de la charge variable, résultant de la translation du chariot le long de la flèche.

Les tirants sont alors calculés de telle sorte qu'ils soient capables de résister à la fois :

à l'effort de traction résultant de leur situation dans la constitution d'ensemble ;

à l'effort de flexion résultant de leur poids propre.

Lorsqu'une charpente métallique a été conçue d'après des directives ayant la logique pour base, et qu'elle a été exécutée par un ingénieur connaissant à fond son métier, l'impression d'élégance qui découle de cet ensemble, caractérise la maîtrise du praticien en même temps qu'elle dénote le sens esthétique du réalisateur qui peut être alors fier de son art.

Ponts roulants. — Les ponts roulants doivent être construits avec un écartement, entre axes des galets de roulement, qui ne soit pas inférieur au sixième de la portée du pont, entre axes des chemins de roulement, et cela dans le but d'en rendre la translation à la fois facile et sans risque de coincement.

Lorsque le pont a une certaine importance, il est indiqué d'adopter, pour sa construction, le dispositif des figures 175 à 187.

Le chariot roule au droit de deux poutres principales en treillis, dont la membrure supérieure, comprimée, est constituée par deux U accolés par l'intermédiaire d'un gousset, et la membrure inférieure, tendue, par deux cornières inégales. Un rail est rivé sur la membrure horizontale (fig. 183).

Les poutres accessoires de rive, formant caisson (en treillis), avec les poutres principales, sont constituées par des membrures formées chacune d'une cornière simple.

La formation des caissons en treillis, réalisée par l'adjonction de poutres accessoires, permet de donner au pont une rigidité certaine, empêchant tout flambage latéral dans les poutres principales.

Pour la poutre accessoire supportant le plancher de service (et au milieu de la portée de celle-ci, le moteur électrique avec réducteur actionnant la translation du pont) la membrure comprimée est formée d'une cornière inégale, avec la grande aile placée verticalement, de telle sorte que la dite cornière puisse supporter (aidée en cela par la tôle horizontale avec laquelle elle est assemblée), en flexion, entre deux nœuds consécutifs, l'effet dû au passage du personnel de service.

La membrure supérieure de la poutre principale doit être capable de supporter,

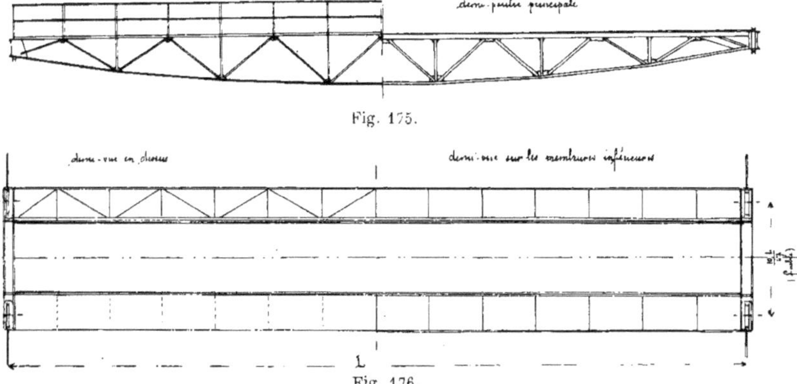

Fig. 175.

Fig. 176.
Charpente de pont roulant.

en travaillant par flexion, le passage d'un des galets du chariot. La réalisation, à l'aide de deux U placés verticalement, c'est-à-dire au mieux de leur utilisation en l'espèce, est donc logique.

Pour la vérification de cette membrure, l'échantillon des U étant choisi, il faut considérer :

d'une part, la charge R_c, par millimètre carré de section, qui résulte de l'effort de compression maximum de la poutre prise dans son ensemble,

d'autre part, la charge R_f, qui résulte de son travail en flexion, au passage du galet de roulement, pour la moitié de l'effort, qui peut être maximum sur l'un des deux essieux du chariot, l'élément de membrure étant considéré comme semi-encastré au droit de chacun des nœuds consécutifs du treillis de support, c'est-à-dire pour :

$$M = \frac{Pl}{10} = R_f \frac{l}{v},$$

l étant la distance entre les deux nœuds consécutifs.

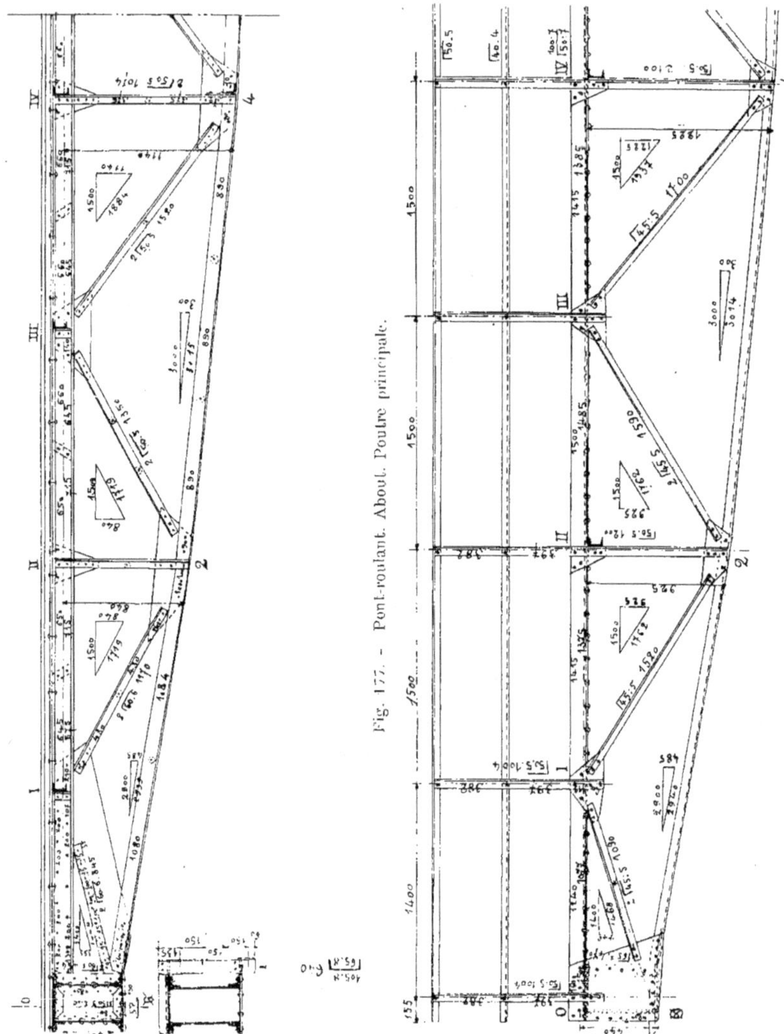

Fig. 177. — Pont-roulant. About. Poutre principale.

Fig. 178. — Pont roulant. About. Poutre de rive côté trottoir.

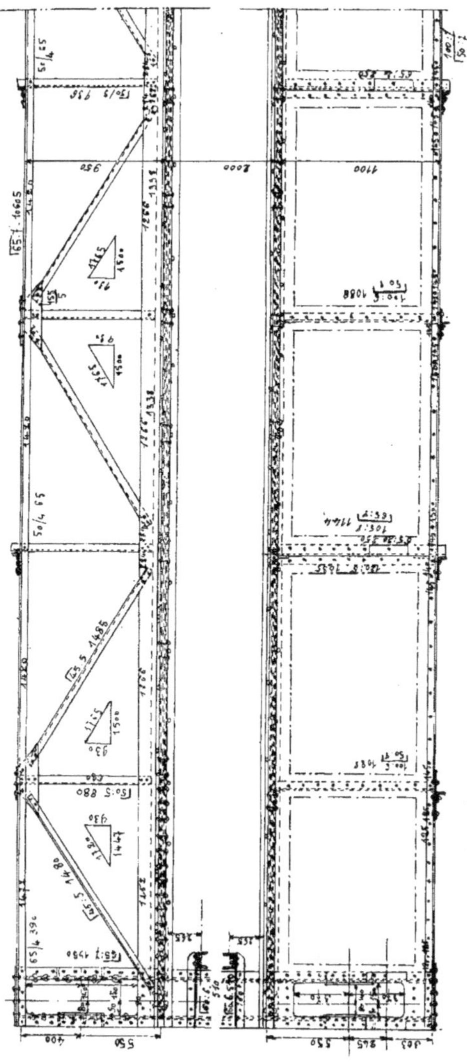

Fig. 179. — Pont roulant. About. Plan.

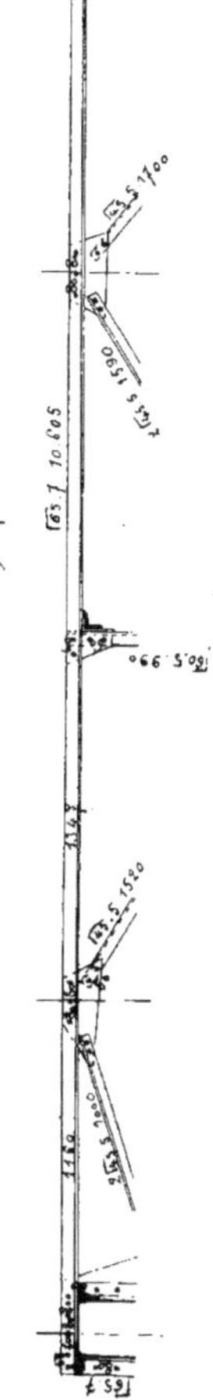

Fig. 180. — Pont roulant. Poutre accessoire.

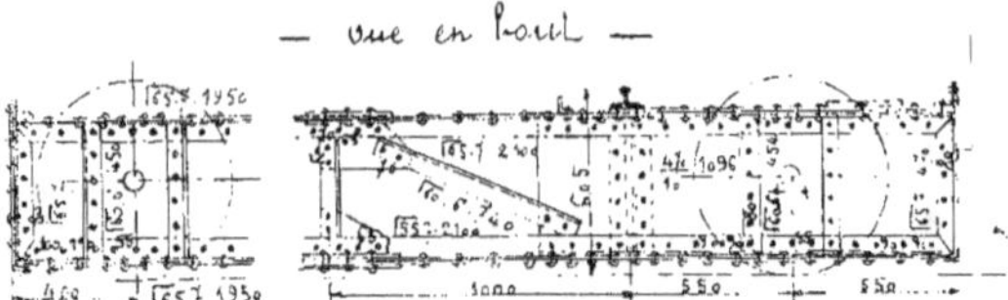

Fig. 181. — Pont roulant.

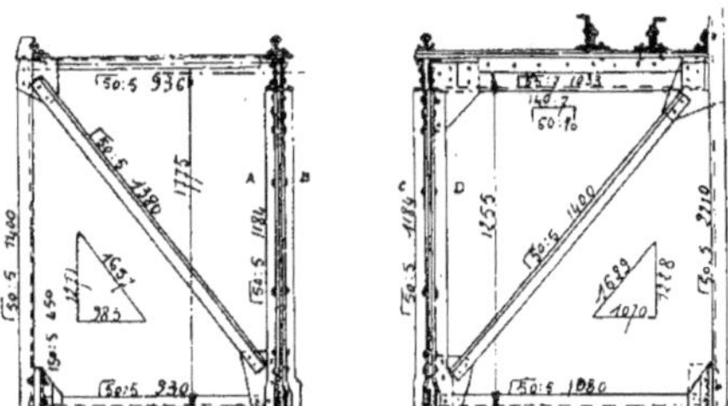

Fig. 182. — Pont roulant. Coupe au milieu de la longueur.

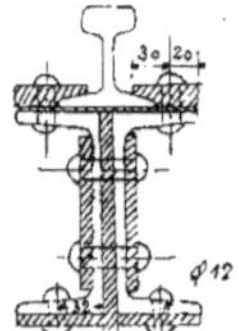

Fig. 183. — Pont roulant. Fixation du rail sur des membrures.

Fig. 184. — Pont roulant. Coupe transversale. Entretoises.

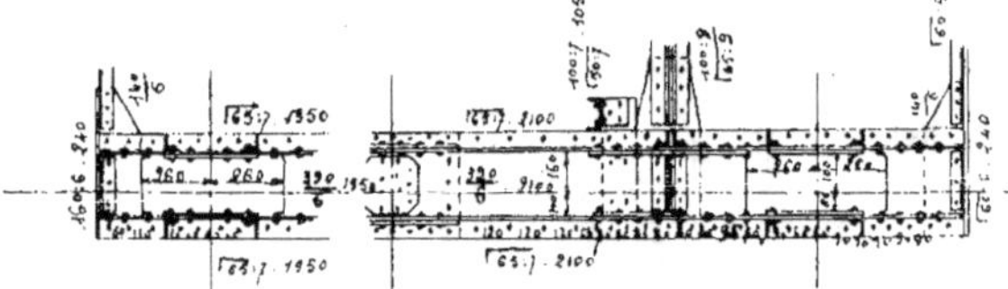

Fig. 185. — Pont roulant. About vu en plan.

Il faudra donc que :

$$R \text{ admis soit} > R_c + R_f.$$

En ce qui concerne la vérification du moment d'inertie, dans le sens vertical de la

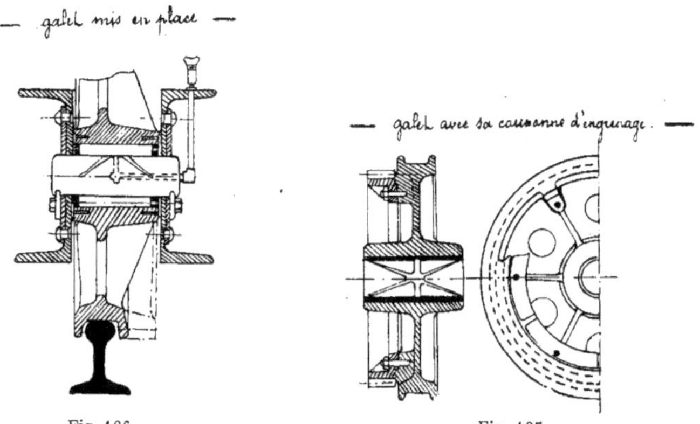

Fig. 186.   Fig. 187.

Pont roulant. Galets.

dite membrure, il faudra tenir compte de l'effort de compression résultant de la composition d'ensemble de la poutre, qui nécessitera :

$$I_c = \frac{P l^2}{100\,000}$$

et du travail en flexion sous l'influence du passage du galet, qui déterminera :

$$I_f = \frac{P l v}{10\,(R - R_c)}$$

et cela d'après les considérations qui ont déjà été développées plus haut, page 23.

Portiques. — Les portiques roulant sur rails, avec translation opérée normalement à leur longueur, doivent être conçus de telle sorte que la variation de flexibilité, résultant de l'intervention intermittente de la charge, du déplacement de celle-ci dans le sens de la longueur du portique, comme aussi de la variation de la température ambiante, n'influent pas sur l'écartement entre les lignes parallèles de galets roulant sur les rails.

Pour éviter cette variation d'écartement préjudiciable au bon fonctionnement de la translation, il est préférable de concevoir l'un des pieds du portique comme faisant corps, en tant que continuité de ligne enveloppante constituée par ses arbalétriers, avec la poutre horizontale elle-même du portique, l'autre pied étant mobile par rap-

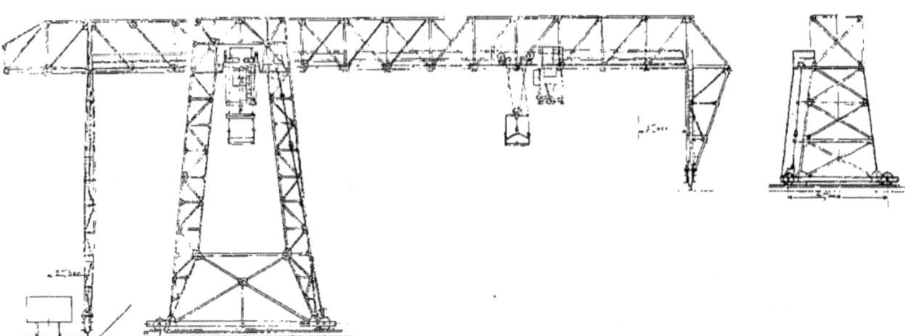

Fig. 188.   Fig. 189.

Portique roulant. Chariot en dessous.

port à elle. Cette mobilité de l'un des pieds, peut être obtenue au moyen d'une articulation réelle, mais elle peut aussi, pratiquement, être réalisée en utilisant l'élasticité propre du métal de la charpente, ce gain d'élasticité étant obtenu en réduisant à la limite l'épaisseur du dit pied, comme il est indiqué (fig. 188 et 189). Dans ces conditions, ce sont les rails seuls qui guident les galets de translation, l'adhérence due au poids propre de l'ouvrage lui-même étant largement suffisante pour que la sécurité soit assurée en l'espèce.

Grue sur portique. — Lorsque le portique est fixe, l'extension de la surface à

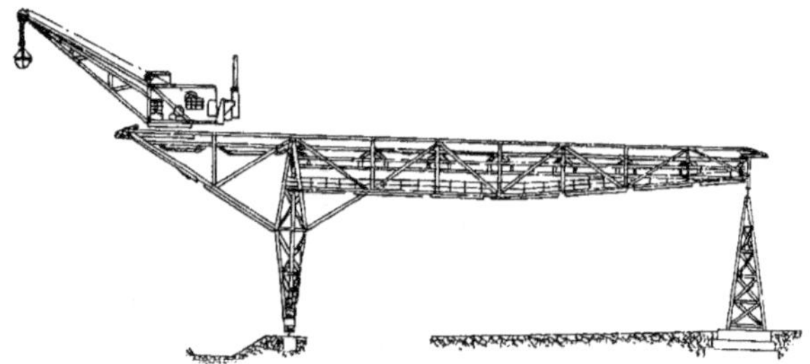

Fig. 190. — Portique roulant avec grue dessus.

desservir peut être obtenue par l'intervention d'une grue roulante sur une voie placée horizontalement à la partie supérieure du dit portique.

Si le portique peut se déplacer normalement à son axe longitudinal, mais que sa longueur, et par suite son poids, atteignent une certaine importance, il y a avantage à employer conjointement une grue roulante se déplaçant dans le plan supérieur. En effet, chaque fois que cela est possible, on utilise les mouvements d'orientation et de déplacement de la grue, mouvements qui nécessitent beaucoup moins de dépenses de force motrice que le déplacement du portique lui-même. En outre, éventuellement, les mouvements d'orientation et de translation de la grue, ainsi que le mouvement de translation du portique, peuvent être utilisés simultanément, et rendre dans ce cas les opérations de manutention plus rapides (fig. 190).

XIII

LES DESSINS D'EXÉCUTION

La conscience avec laquelle chacun de nous, dans la collectivité dont il fait partie, doit exécuter la part de travail qui lui incombe, précise les obligations du chef, et fixe les devoirs de ses collaborateurs du bureau des études.

Le dessin doit être considéré comme étant une langue spécialement destinée à transmettre à l'atelier exécuteur les ordres que donne le bureau d'études. Cette langue doit se conformer à des règles qui soient analogues à celles qui sont admises pour les langues d'usage courant.

Elle doit exprimer complètement, clairement, et aussi brièvement que possible, ce qui doit être énoncé d'une part, et enregistré d'autre part.

En particulier, les répétitions doivent être évitées.

Si, par exemple, il est dessiné une pièce comportant un axe de symétrie, la partie située d'un des côtés de l'axe, se rapportant par exemple à la demi-vue en plan, ou à la demi-vue de profil, la partie située symétriquement se rapportera à une demi-vue en coupe.

Les dessins doivent être clairs et précis, ainsi que cela a déjà été dit, ils doivent en outre être poussés aussi loin que possible (le travail doit être mâché), en vue de faciliter à l'atelier l'exécution des ordres qui lui sont donnés, et cela plus sérieusement encore, chaque fois qu'il s'agit d'une construction métallique importante. En particulier, en ce qui concerne les appareils de levage, tous les détails d'exécution doivent en être étudiés de très près. Les conséquences qui découleraient de la chute d'un appareil de levage, ou de la rupture de l'une de ses pièces constitutives, sont d'autant plus graves que l'appareil est plus important. Et, ce qui est autrement grave, des accidents parfois mortels, malheureusement, peuvent en résulter : ces derniers ne se réparent pas. C'est pourquoi les détails, si minimes soient-ils, doivent être contrôlés.

Parmi les plaies pouvant affecter les bureaux d'études, on peut citer :

l'ingénieur chef de service trop prétentieux, qui croit à l'infaillibilité des formules qu'il a apprises par cœur, et reste convaincu qu'il n'a plus rien à apprendre ;

le sous-ordre à l'esprit obtus qui ne saisit pas les raisons qui motivent les ordres qui lui sont donnés par ses chefs, et attribue à des sentiments d'animosité les causes d'observations qui ne sont justifiées que par le fait de son incapacité propre.

EXEMPLES. — Comme indication de ce qui peut être établi en fait de dessins sortant d'un bureau d'études, il est donné :

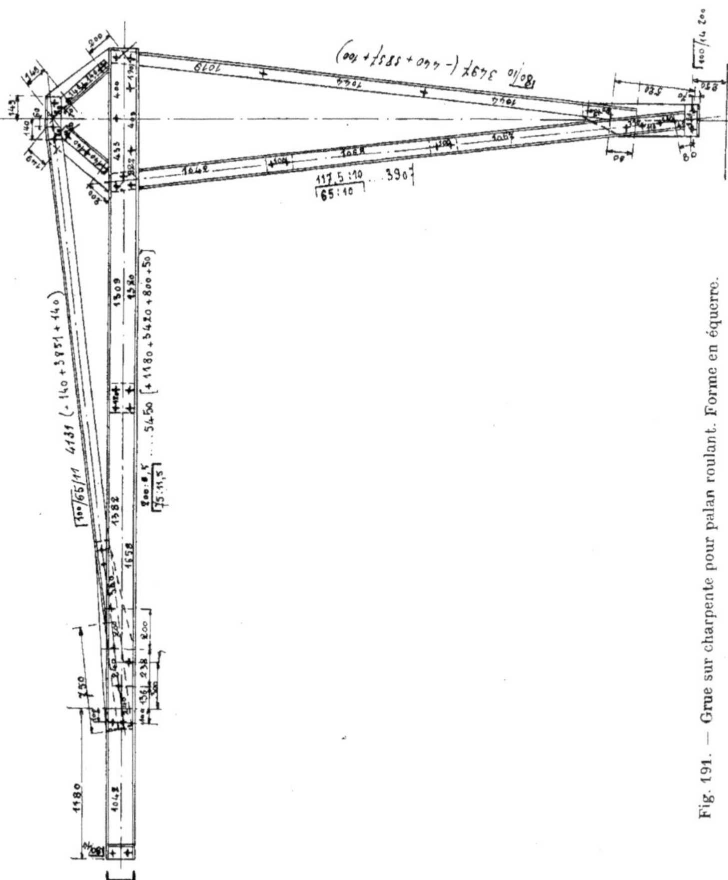

Fig. 191. — Grue sur charpente pour palan roulant. Forme en équerre.

a) Les figures 191 à 195, se rapportant à trois petites grues, s'attachant à la charpente, dans une halle de fonderie ou d'atelier de construction ;

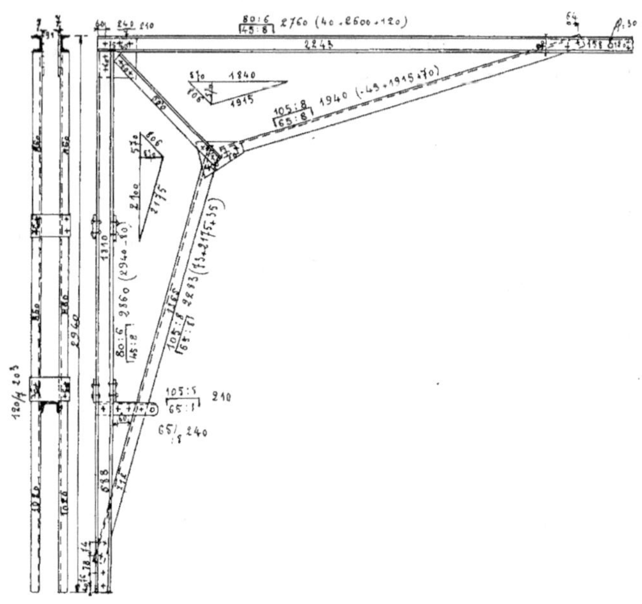

Fig. 192. — Grue sur charpente. Forme en équerre.

b) Les figures 196 à 200, détaillant le pied d'un portique de levage ;

c) Voir aussi les détails du pont roulant, suivant figures 175 à 187 ;

d) Se reporter également à l'exemple donné pour l'exécution d'une poutre à âme pleine (dessins et texte).

Calibres. — Pour faciliter le tracé des goussets constituant les assemblages, il est indiqué de se servir d'un calibre rectangulaire, en zinc, sur lequel sont tracés les axes des rivets, à l'écartement du tableau 5, colonne 4, écartements réduits à l'échelle du dessin. Le premier trait d'axe est placé, par rapport au bord du calibre, à la distance du tableau 5, colonne 7. Il est fait un tracé, pour chaque diamètre de rivet, l'un à main droite, l'autre à main gauche, et partant du même angle du calibre. Pour les calibres à l'échelle de un dixième, les dimensions peuvent être de 100 × 70 et 114 × 81. Le plus petit des deux calibres porte, sur une face, les tracés se rapportant aux rivets de 6, 8, 10 et 12 (fig. 201), sur l'autre face, aux rivets de 14 et 16 (fig. 202). Le plus grand cali-

Fig. 194.   Fig. 193.   Fig. 195.

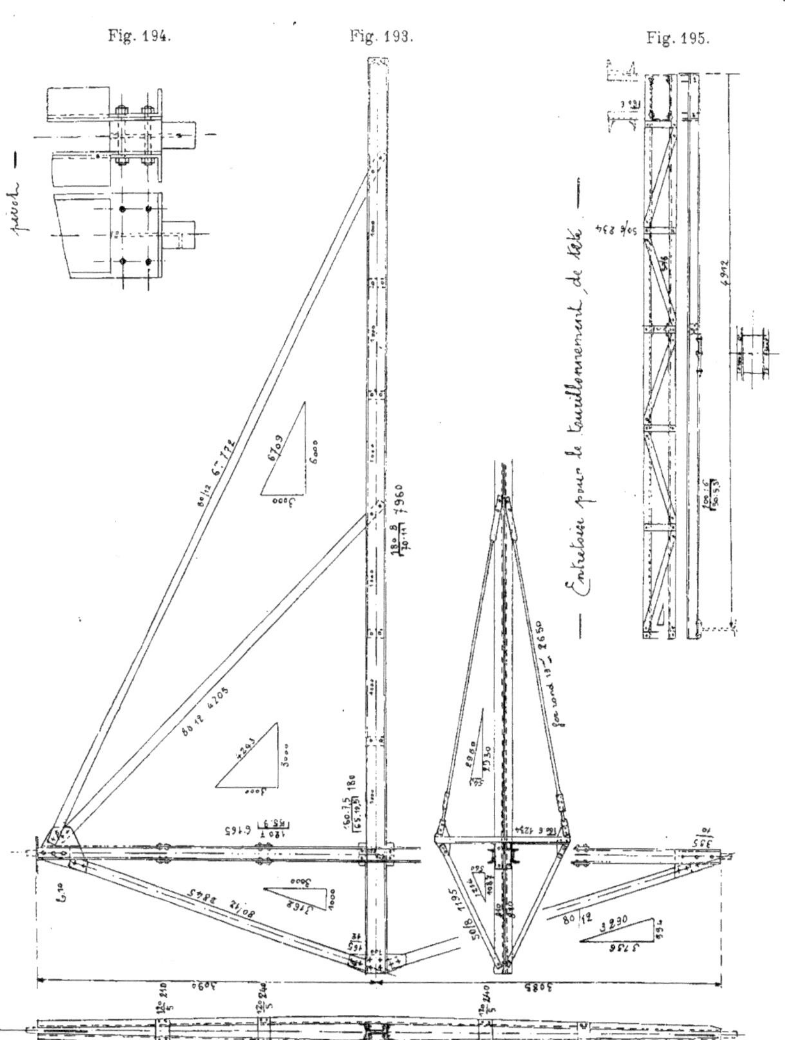

Grue sur charpente pour palan roulant. Forme en té.

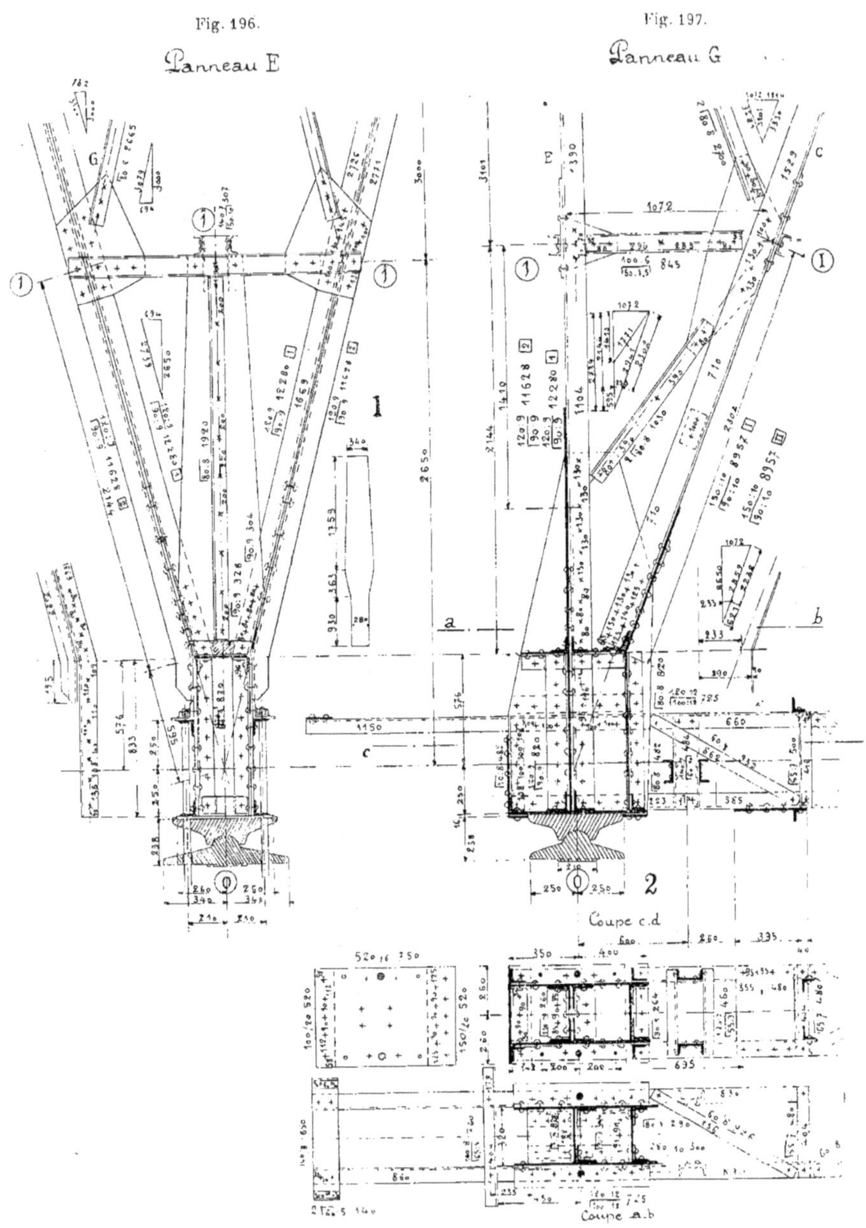

Fig. 200.   Fig. 198.   Fig. 199.
Détail au pied d'un portique.

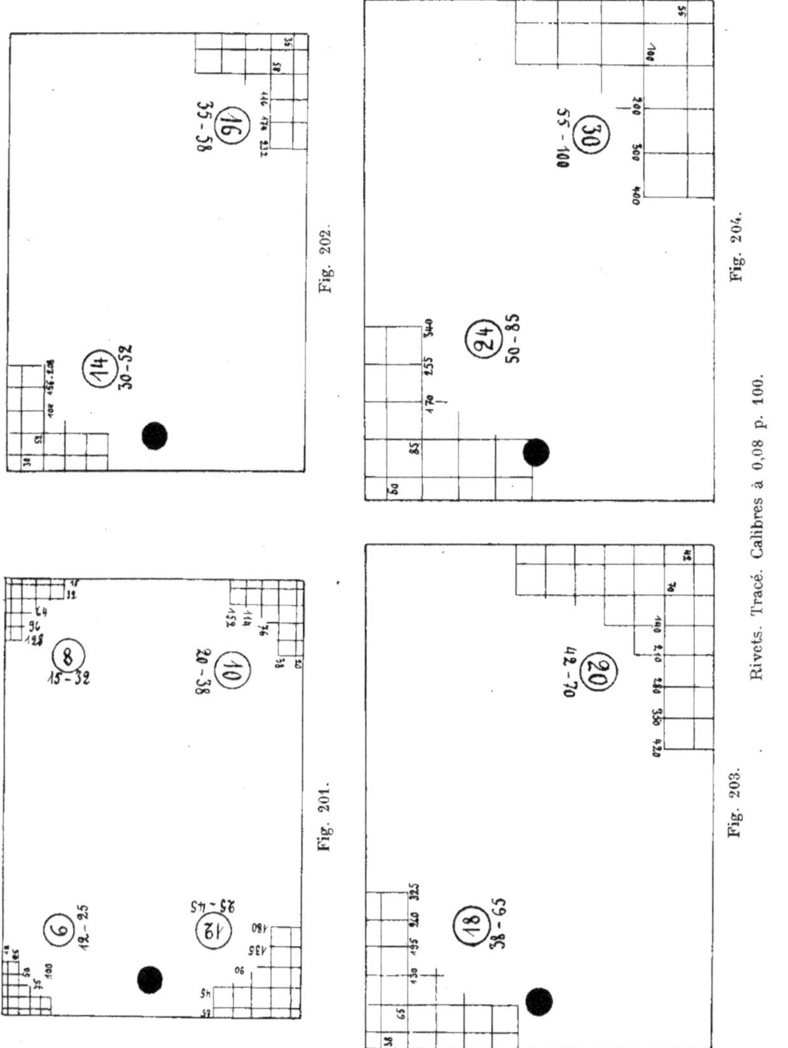

Fig. 201.

Fig. 202.

Fig. 203.

Fig. 204.

Rivets. Tracé. Calibres à 0,08 p. 100.

bre porte, sur une face, ceux de 18 et 20 (fig. 203), et sur l'autre face, ceux de 24 et 30 (fig. 204).

A défaut de zinc, il peut être utilisé du carton glacé, de l'épaisseur d'une carte de visite par exemple.

La langue du dessin. - - Avec des dessins dont les détails sont ainsi précisés, il est possible de refaire, à toute époque, une des pièces constitutives d'une construction considérée, et d'en effectuer au besoin le remplacement sur la dite, à quelque distance que celle-ci puisse se trouver par rapport à l'atelier qui doit l'exécuter.

L'échelle à employer de préférence, pour l'établissement de la charpente métallique de construction courante, est le dixième (1/10).

S'il s'agit de charpente dans laquelle des laminés de petits échantillons sont prévus, au-dessous de 50 millimètres de largeur par exemple, il est préférable d'employer une échelle plus grande, le cinquième en l'espèce (1/5).

Il faut dessiner grandeur d'exécution les détails comportant des tôles pliées, par exemple, pour lesquelles on est amené à rechercher les dimensions que devront avoir les pièces développées, comme aussi lorsqu'il est nécessaire de se rendre compte de la possibilité de placement des rivets, ou des boulons (ou d'autres éléments analogues), dans des endroits difficilement accessibles.

L'échelle à adopter pour l'exécution des plans d'ensemble doit être l'une de celles qui sont les plus indiquées au point de vue pratique, soit : un vingtième, un cinquantième ou un centième par exemple (1/20, 1/50, 1/100).

Comme il est facile de s'en rendre compte par l'examen des exemples donnés ci-dessus, des dessins du genre de ceux qui sont indiqués, représentent bien l'utilisation d'une langue claire et précise, affectée à la transmission d'ordres donnés par un chef capable, à des agents spécialisés en vue de leur exécution correcte.

Normalisation. -- La N. D. I. (Normenausschuss du deutschen Industrie) a standardisé les formats des papiers à dessin, les échelles à adopter, les détails d'exécution les plus caractéristiques de ceux-ci, etc.. Le résultat de ce travail, diffusé en Allemagne et dans plusieurs autres pays, a pour conséquence un gain sensible d'avance par rapport aux errements encore en usage en France.

Il serait indispensable que nous rattrapions le temps perdu. La Fédération des Syndicats de la Construction Mécanique, Electrique et Métallique de France, s'occupe activement de la Normalisation des dessins techniques, nul doute qu'il en découle un résultat efficace à bref délai.

QUELQUES FORMULES

Charge pratique par millimètre carré de section pour des pièces exposées à des variations d'importance des efforts (p. 7).

$$(A) \qquad R_1 = \frac{2}{3}\left(I + \frac{f}{2F}\right) R_0$$

R_0 taux de travail admis en cas d'effort invariable,
f minimum de l'effort,
F maximum de l'effort,

$\frac{f}{2F}$ est positif ou négatif, suivant que les forces sont de même signe ou de signe contraire.

Charge pratique que peut supporter une pièce verticale sans être exposée au flambage (p. 10).

$$(Ba) \qquad F = \frac{n\,\pi\,JE}{KL^2}$$

n coefficient qui dépend du mode de fixation de la pièce (1),
J moment d'inertie minimum (ou moment d'inertie dans le sens se rapportant à la longueur L),
E coefficient d'élasticité du matériau employé,
K coefficient de sécurité,
L longueur de la pièce.

---

(1) $n = 0,25$, encastré à un bout, libre à l'autre,
   $n = 1$, appuyé aux deux extrémités,
   $n = 2$, encastré à un bout, guidé à l'autre,
   $n = 4$, encastré aux deux bouts.

Dans les pièces en acier laminé de construction courante, appuyées aux deux extrémités, coefficient de sécurité K = 4.

$$(B b) \qquad I = \frac{P L^2}{50\,000}$$

P charge que la pièce doit supporter.

Effort tranchant dans une pièce en treillis chargée debout, les deux extrémités librement appuyées (p. 17).

$$(C) \qquad T = 0{,}000\,25 \, \frac{F L}{v}$$

F effort de compression,
L longueur,
v distance de la fibre extrême à la fibre neutre.

Équilibre de flexion (p. 50),

$$(D) \qquad M = R \, \frac{I}{v}$$

M moment des forces extérieures,
R taux de travail par millimètre carré,
I moment d'inertie,
v distance de la fibre extrême à la fibre neutre.

Limite de la largeur de bande de la partie de la table, ou de l'âme des poutres, pouvant être considérée comme étant invariablement reliée à l'ensemble et à compter à partir de la dernière ligne d'attache (p. 50).

$$(E) \qquad l < 13{,}25 \, e$$

e épaisseur de la table ou de l'âme (ou de l'ensemble des tables, si celles-ci sont reliées l'une à l'autre d'une façon suffisante).

Limite de longueur entre les montants d'une poutre pleine (p. 47).

$$(F) \qquad l < \sqrt{\frac{100\,000 \, r}{C}}$$

I_v moment d'inertie de la membrure comprimée de la poutre dans le sens de l'effort,

C effort de compression dans la membrure.

Moment d'inertie nécessaire à la membrure comprimée d'une poutre reposant sur deux appuis, charge au milieu de la portée (p 48).

$$(Ga) \qquad I = \frac{PL^3}{2\,600\,000h}$$

P effort de compression dans la membrure,

L longueur de la partie comprimée de la membrure,

h hauteur de la poutre hors cornières (ou distance entre les centres de gravité des deux membrures).

Dans le cas où la charge est également répartie sur la longueur :

$$(Gb) \qquad I = \frac{PL^3}{3\,460\,000h}$$

P total de la charge répartie, ou pL.

Effort agissant à la partie supérieure du montant dans une poutre de pont dont les membrures supérieures ne sont pas contreventées, et lorsque le moment d'inertie de celles-ci est insuffisant pour parer au flambage (p. 71).

$$(H) \qquad F = \frac{4R}{nL} \sqrt[4]{\frac{\pi}{4}} \times \frac{I - i}{\sqrt[4]{I - i}}$$

R taux de travail par millimètre carré,

n nombre d'intervalles, entre montants, répartis sur la longueur de la poutre,

L longueur de la poutre,

I moment d'inertie nécessaire à la membrure par application des formules G,

i moment d'inertie de la membrure dans le sens considéré,

le logarithme de $\sqrt[4]{\frac{\pi}{4}} = \overline{1},973\,7725.$

Hauteur d'une poutre (p. 46).

$$(I) \qquad H \text{ vers } \frac{L}{10} \text{ mais } < \frac{L}{8} \text{ et } > \frac{L}{20}$$

L longueur entre appuis.

142 CHARPENTES MÉTALLIQUES

Charge pratique par millimètre carré à faire supporter par la maçonnerie bloquée sous les plaques d'appui des pièces métalliques (p. 64).

$$\text{(J)} \qquad\qquad R_m \leqslant 0 \text{ kgr. } 100.$$

Proportion entre la portée des fermes sheds et la hauteur sous entrait permettant d'obtenir une bonne diffusion de la lumière (p. 84).

$$\text{(K)} \qquad\qquad P \leqslant 1{,}25 H$$

H hauteur du sol au-dessous de l'entrait.

Diamètre extérieur d'une colonne en fonte, creuse, dont le diamètre intérieur est égal à 0,8 du diamètre extérieur.

$$\text{(L)} \qquad\qquad D_0 = 0{,}172 \sqrt{L}\ \sqrt[4]{F}$$

L hauteur de la colonne,
F effort qu'elle doit supporter.

Hauteur verticale de la section de la flèche, d'un appareil de levage (p. 104).

$$\text{(M}a\text{)} \qquad\qquad h \ \text{vers}\ \frac{1}{5} f \ \text{ et} > \frac{1}{6} f$$

f portée de la flèche en projection horizontale dans le sens où agit le vent.

Largeur de la section du fût pivotant à l'intérieur d'un pylône, dans le cas d'une flèche équilibrée par une fausse flèche à contrepoids.

$$\text{(M}b\text{)} \qquad\qquad l > \frac{1}{7} f.$$

Largeur de la base de sustentation d'une grue sur pylône, dans le sens où peut agir le moment de renversement.

$$\text{(M}c\text{)} \qquad\qquad l \ \text{vers}\ \left(\frac{1}{5} f + \frac{1}{10} H\right) \ \text{et} > \left(\frac{1}{6} f + \frac{1}{12} H\right)$$

H hauteur du pylône.

Les proportions données par les formules (Ma) (Mb) et (Mc) doivent être maxima pour le cas où l'importance du poids du fardeau est assez élevée par rapport à l'envergure de l'appareil ($l + H$). Elles peuvent être au contraire minima dans le cas où le poids du fardeau est relativement faible.

Leur moyenne d'application correspond au cas où le poids du fardeau

(Md) $P = 200l$.

L'empattement entre axes des essieux pour un appareil roulant sur rails doit être :

(Me) $E = 1,25l$

l largeur de la base de sustentation telle qu'elle est déterminée par l'application de la formule (Mc).

Dans l'application de toutes les formules, ne jamais oublier de faire intervenir le « sens » de la construction.

L. P.

OBSERVATIONS RELATIVES
A L'UTILISATION DES TABLEAUX DE CONSTRUCTION

Les unités sont :

Le millimètre pour les dimensions, les moments d'inertie (m.m.^{4}) et les modules de section (m.m.^{3}).

Le kilogramme pour les poids au mètre de chacun des laminés et pour les charges.

Dans tous les tableaux, il n'est utilisé que les trois premiers chiffres en commençant par la gauche des nombres (cependant en vue de réduire l'importance du ressaut, lorsque le premier chiffre à gauche est un « 1 », le « 5 » est utilisé pour le quatrième chiffre, si c'est lui, de préférence à « 0 », qui approche le plus du nombre réel).

Il y a avantage d'ailleurs à opérer de même pour tous les calculs.

Par exemple, au lieu d'écrire les nombres suivants :

```
63 041 062,00
     277 800,00
   1 846 587,00
      19 500,00
  32 912 747,25
     525 686,07
```

nous écrirons :

```
63 000 000, »
     278 000, »
   1 845 000, »
      19 500, »
  32 900 000, »
     526 000. »
```

Le total donnera alors : 98 600 000, »

Au lieu de : 98 623 382,32.

Cette approximation est largement suffisante dans la pratique courante.

L'avantage de cette façon de procéder est d'attirer l'attention sur les chiffres dont l'importance est capitale, si on considère le résultat auquel on est conduit. Cette

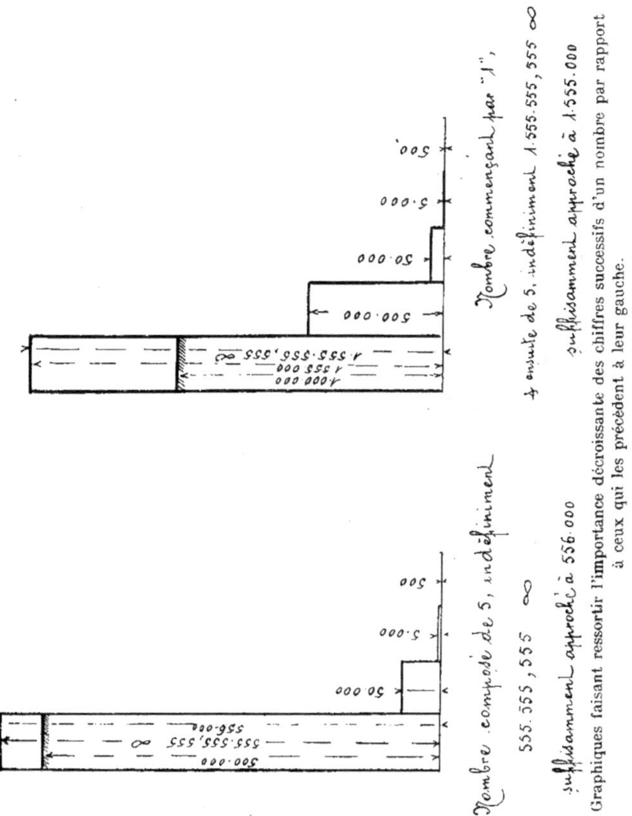

Graphiques faisant ressortir l'importance décroissante des chiffres successifs d'un nombre par rapport à ceux qui les précèdent à leur gauche.

attention ne se trouve pas distraite sur des chiffres dont la valeur relative décroît en allant vers la droite, puisqu'elle n'atteint en moyenne à chaque étage que le dixième de la valeur moyenne de l'étage précédent.

Il faut séparer par un point chaque tranche de trois chiffres de la tranche de même importance qui se trouve à droite.

Pour tenir compte de la valeur successive des chiffres d'un nombre (98.623.382. 32)
il faut l'écrire de la façon suivante.

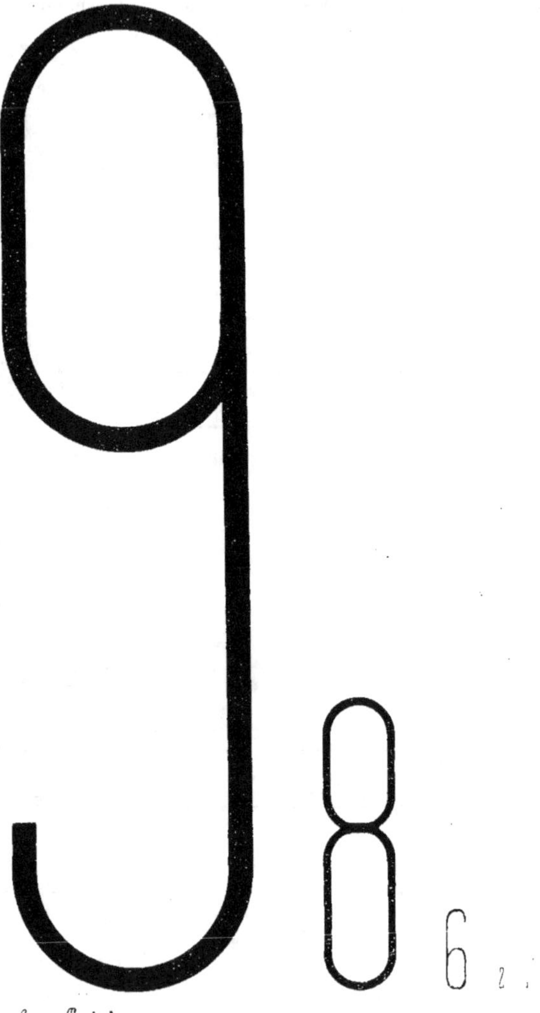

Louis Ferbal

La résistance à la traction ou à la compression simple est calculée en prenant R = 10, c'est-à-dire 10 kilogrammes par millimètre carré de section de la barre. Il y a lieu de multiplier les charges indiquées dans les colonnes afférentes par le dixième du coefficient de travail adopté, si celui-ci est différent de 10.

Le tableau 2 indique, en dessous du taux de travail à adopter dans le cas de charge variable d'intensité, le coefficient par lequel l'effort se rapportant à ce cas d'application doit être multiplié pour que les différentes sortes d'efforts, agissant sur la même pièce, puisssent être ajoutés et redevables du coefficient se rapportant au cas de charges permanentes.

Si, par exemple, une pièce constituant une charpente donnée travaillant en traction, supporte :

Un effort permanent de .... 1 000 kilogrammes

Un effort variable $\frac{f}{F} = \frac{1}{3}$, de .... 1 000 —

Un effort variable $\frac{f}{F} = -1$, de .... 1 000 -

Ensemble .... 3 000 kilogrammes :

la valeur à prendre pour pouvoir se servir du taux de travail R = 10 kgr. 500 sera :

Effort constant .... 1 000 kilogrammes.

Effort $\frac{f}{F} = \frac{1}{3}$: 1 000 × 1,29 .... 1 290 —

Effort $\frac{f}{F} = -1$: 1 000 × 3,05 .... 3 050 —

Ensemble .... 5 340 kilogrammes.

Les tableaux se rapportant à la résistance pratique des pièces chargées debout sont tous calculés d'après la formule d'Euler : $P = \dfrac{50\,000\,I}{L^2}$, pour acier doux, pièces appuyées aux deux extrémités, coefficient de sécurité égal à 4. *Le poids propre de la pièce n'est par déduit.*

Dans le cas où la pièce considérée serait encastrée *réellement* aux deux extrémités, la charge dont la pièce serait capable deviendrait quatre fois plus forte que celle indiquée.

Pour les charpentes triangulées légères, les pièces principales *continues* (membrures de poutres, arbalétriers de fermes de combles, etc..) pourraient, à la rigueur, être considérées comme étant semi-encastrées aux deux extrémités.

Dans cette conjoncture, les charges dont on supposerait ces pièces capables, seraient le double de celles indiquées dans les tableaux.

Pour les longueurs intermédiaires à celles inscrites aux tableaux, la charge que la pièce pourrait supporter serait inversement proportionnelle au carré de sa longueur par rapport à celle qui, sur le tableau adéquat, en serait la plus voisine.

Exemple : Quelle charge peut supporter ,en sécurité, avant d'être exposée au flambage, une pièce verticale composée de deux cornières inégales de 70,50,6 et ayant 3 m. 250 de longueur :

. Consultant le tableau 14, on a :

$$P = 3\,700 \times \frac{\overline{3\,000}^2}{\overline{3\,250}^2} \text{ ou } 3\,160 \text{ kilogrammes.}$$

(Se servir d'une table des carrés des nombres et de la règle à calcul.)

Dans les tableaux :
7, colonne 15,
8,   —   15-18 et 20,
12,   —   19-21-23 et 25,
15,   —   18-20-22 et 25,
19,   —   14 et 16,

les chiffres donnés se rapportent à la limite maximum de longueur que peut atteindre la pièce si elle subit un effort de compression correspondant à la charge indiquée pour elle dans une des colonnes précédentes, section brute, et avant d'être exposée au flambage.

Dans le cas où la pièce travaille pour une charge moindre, la limite de longueur peut être plus élevée.

Elle est proportionnelle à l'inverse du carré de la nouvelle charge, par rapport à la charge dont la section brute est capable. La nouvelle longueur L serait égale à :

$$L \text{ (tableau)} \times \frac{\sqrt{P \text{ (tableau)}}}{\sqrt{P \text{ (adopté)}}}.$$

Exemple : Quelle longueur limite peut atteindre en sécurité, avant d'être exposée au flambage, une pièce verticale constituée par une cornière de 70,50,6 devant être comprimée sous une charge de 4 500 kilogrammes.

Consultant le tableau 12, on a :

$$L = 765 \text{ (colonne 19)} \times \frac{\sqrt{6\,840 \text{ (colonne 5)}}}{\sqrt{4\,500}} \text{ ou } 940.$$

Dans les tableaux :
8, colonnes 18 et 20,
12,   —   21-23 et 25,
15,   —   20-22 et 25,
19,   —   16,

les chiffres donnés se rapportent à la limite maximum de longueur que peut atteindre la pièce composée de deux ou de quatre laminés assemblés tel qu'il est indiqué, dans les mêmes conditions et avec les mêmes réserves que ci-dessus.

Les deux (ou les quatre) laminés doivent être réunis l'un à l'autre à des distances qui soient inférieures à celles fixées dans les colonnes précédentes (15 pour tableau 8, 19 pour 12, 18 pour 15, et 14 pour 19).

REMARQUE. — Il est très regrettable que la Commission permanente de Standardisation n'ait pas cru devoir adopter des propositions conformes à la logique pour toutes les dimensions des laminés. Les doubles-tés (par copie d'échantillons étrangers) suivent une série acceptable, il est vrai.

Pour les cornières inégales, le laminé-type 70/50/6 donne le même moment d'inertie pour deux cornières assemblées sur gousset normal et cela suivant l'axe de symétrie d'une part et la normale à cet axe passant par le centre de gravité de la section de l'autre. Il fallait conserver cette proportion pour les autres échantillons de cornières inégales.

Pour les U, le choix de l'échantillon de 260 n'était pas indiqué, il fallait prendre celui de 250 de façon à avoir la série logique 200-220-250-300.

Louis PERBAL.

N°	Désignation	N°	Désignation
1	Classification des aciers	16	1 U chargé debout
2	Taux de travail : R.	17	2 U , avec gousset, chargés debout
3	Traits dans les cornières	18	2 U , I constant, " "
4	Charge que peut supporter un rivet rivé	19	Doubles - Tés
5	Limite minimum d'écartement des rivets	20	1 Double-té chargé debout
6	Ronds	21	2 " " " " , I constant
7	Plats	22	Limite longueur sections carrées à 4 cornières
8	Cornières égales	23	Rivets
9	1 cornière égale chargée debout	24	Boulons
10	2 " " " "	25	Série courante des rivets
11	4 " " " "	26	Longueur des rivets pour charpentes
12	Cornières inégales	27	" " " à noure fraisée
13	1 cornière inégale chargée debout	28	" " " " " étanche
14	2 " " " "	29	" " " " " écrasée
15	U	30	

Classification des aciers

10-26

Numéros des classes	Désignation des aciers	Teneur en carbone %	Charge de rupture en kos, par mm² rapportée à la section primitive	Allongement entre repères mesurés sur des barres de 200ᵐ/ᵐ long. primitive	Observations
1	2	3	4	5	6
0	aciers extra-durs	0,50 à 0,65	73 & plus	12 à 18 %	Ne se soudent pas, et prennent fortement la trempe
1	aciers durs	0,35 à 0,50	65 à 75	16 à 12 %	
2	aciers demi-durs	0,25 à 0,35	55 à 65	20 à 16 %	
3	aciers demi-doux	0,15 à 0,25	45 à 55	24 à 20 %	Se soudent peu et ne se trempent pas
4	aciers doux	0,05 à 0,15	40 à 45	28 à 24 %	
5	aciers extra-doux	à 0,05	34 à 40	30 à 28 %	Se soudent et ne se trempent pas.

La limite d'élasticité est ordinairement supérieure de quelques kos, à la moitié de la charge de rupture du métal. Pour les aciers extra-doux, elle varie de 22 à 33 kos par millimètre carré.

Allongement élastique : 0,000046 par mètre et par ko de traction rapporté au millimètre carré. Il est sensiblement constant et indépendant du degré de dureté du métal.

Valeur moyenne de coefficient d'élasticité : 22.000 (en kos par millimètre carré).

Louis Perbal

— Taux de travail R. — — Tableau 2 —

Taux de travail à adopter pour l'acier doux à 42 kilogrammes de rupture, employé dans la construction des charpentes métalliques, et pour la fonte comptée à 12 kilos, 500 en traction et 60 kilos de rupture en compression, charpente de bonne construction courante.

R, pour la traction et la flexion, s'entend pour la section nette trous déduits. Pour la compression il s'entend pour la section brute.

R, dans la flexion des profilés simples en acier, s'applique à des pièces telles qu'elles sortent du laminage, sans avoir subi de travail d'atelier dans la zone la plus fatiguée. Pour la flexion de la fonte il s'applique à des pièces non affaiblies par un travail d'usinage provoquant des variations brusques dans la section des pièces considérées.

1.23

Le coefficient placé au dessous du taux de travail pour le cas de charge variable est celui par lequel cette charge doit être multiplié pour que le taux de travail R relatif à la charge permanente intérieure ensuite seul, dans le calcul de résistance d'une pièce considérée	— R — Charge permanente	Charges variables d'intensité le rapport de la charge la plus faible, f, à la charge la plus forte, F, étant de :							
		3/4	2/3	1/2	1/3	1/4	1/5	1/10	O	— 1
1 Traction de Compression	10,500	9,700	9,300	8,700	8,100	7,800	7,700	7,300	6,800	3,400
		1,10	1,13	1,20	1,29	1,33	1,37	1,43	1,52	3,05
2 Cisaillement	8,500	7,800	7,500	7,000	6,500	6,300	6,200	5,900	5,600	2,800
		1,10	1,13	1,20	1,29	1,33	1,37	1,43	1,52	3,05
3 Profilés simples	13,500	12,500	12,100	11,400	10,600	10,200	10,000	9,600	9,100	4,500
		1,10	1,13	1,20	1,29	1,33	1,37	1,43	1,52	3,05
4 Pièces composées	10,500	9,700	9,300	8,700	8,100	7,800	7,700	7,300	7,000	3,400
		1,10	1,13	1,20	1,29	1,33	1,37	1,43	1,52	3,05
5 Ronds	17,700	17,700	17,700	17,700	16,500	15,900	15,500	14,800	14,150	7,500
		1	1	1	1,07	1,11	1,15	1,20	1,25	2,40
6 Compression	15,000	13,800	13,300	12,400	11,700	11,200	10,900	10,500	10,000	0
		1,10	1,13	1,20	1,29	1,33	1,37	1,43	1,52	0
7 Pièces circulaires	4,200	4,200	4,200	4,200	4,200	4,200	4,200	4,200	4,200	2,100
		1	1	1	1	1	1	1	1	2
8 Pièces carrées	3,800	3,800	3,800	3,800	3,800	3,800	3,800	3,700	3,500	1,750
		1	1	1	1	1	1	1,03	1,10	2,20
9 Pièces en double-té et analogues	3,300	3,300	3,300	3,200	3,100	3,000	2,900	2,700	2,600	1,300
		1	1	1,03	1,06	1,10	1,14	1,22	1,27	2,54

Acier doux : Flexion (1–5)
Fonte : Flexion (6–9)

Louis Gerbal

— .Trail dans les cornières de charpente. — — Tableau 3 —

Pièces travaillant à la compression
et a la traction

10.26

Diamètre du Rivet 1	Épaisseur du métal 2	Limite trait 3	Limite Cornière 4	Cornière courante limite 5	Diamètre du Rivet 1	Épaisseur du métal 2	Limite trait 3	Limite Cornière 4	Cornière courante limite 5
6	jusqu'à 4	11	20	23	18	jusqu'à 10	34	60	70
					"	11 à 16	40	70	"
8	jusqu'à 4	14	95	30	20	jusqu'à 10	34	60	70
	5 et 6	17	30	"	"	11 à 16	40	70	80
10	jusqu'à 4	17	30	35	"	17 et 18	46	80	"
"	5 à 7	20	35	"	24	jusqu'à 10	40	70	100
"	8	23	40	40	"	11 à 16	46	80	"
12	jusqu'à 5	20	35	50	"	17 à 21	51	90	"
"	6 à 8	23	40	"	"	22 et 23	57	100	"
"	9 à 10	28	50	"	30	jusqu'à 15	51	90	120
14	jusqu'à 5	23	40	50	"	16 à 21	57	100	"
"	6 à 10	28	50	"	"	22 à 28	68	120	"
"	11 à 12	34	60	60					
16	jusqu'à 8	28	50	60					
"	9 à 14	34	60	"					

Louis Perbal.

— Position d'une cornière —

— Tendue — — Comprimée —

— Charge que peut supporter un rivet —

Traction $R = 10$.   Cisaillement $R' = 8$.   Écrasement $R'' = 25$.

10-26

Traction $R = 10$

Diamètre du rivet (1)	Grosseur (2)	Simple Cisaillem.t (3)	Double Cisaillem.t (4)
6	1	165	165
trou 6,6	2	270	330
Surface 34,2	3		495
	4		545
8	2	440	440
trou 8,8	3	485	660
Surface 60,8	4		880
	5		970
10	3	745	817
trou 10,9	4		1.090
Surface 93,3	5		1.360
	6		1.490

Diamètre du rivet (1)	Grosseur (2)	Simple Cisaillem.t (3)	Double Cisaillem.t (4)
12	3	975	975
trou 13	4	1.060	1.300
Surface 132	5		1.625
	6		1.950
	7		2.120
14	4	1430	1.510
trou 15,1	5		1.890
Surface 179	6		2.260
	7		2.640
	8		2.860
16	5	1860	2.150
trou 17,2	6		2.580
Surface 232	7		3.010
	8		3.440
	9		3.720

Cisaillement $R' = 8$

Diamètre du rivet (1)	Grosseur (2)	Simple Cisaillem.t (3)	Double Cisaillem.t (4)
18	5	2.320	2.400
trou 19,2	6		2.880
Surface 290	7		3.360
	8		3.840
	9		4.320
	10		4.640
20	6	2850	3.200
trou 21,3	7		3.730
Surface 356	8		4.260
	9		4.790
	10		5.320
	11		5.700

Écrasement $R'' = 25$

Diamètre du rivet (1)	Simple Ce. (2)	Simple Cisaillem.t (3)	Double Cisaillem.t (4)
24	10	4 050	6.350
trou 25,4	11		6.980
Surface 507	12		7.620
	13		8.100
30	12	6250	9.450
trou 31,5	13		10.250
Surface 780	14		11.050
	15		11.800
	16		12.500
		Sous	Verbal

— Limite minimum d'écartement des Rivets pour charpente. —

Exemple de divisions régulières.

6 - 28

Diamètre du rivet. d	Diamètre du poinçon d'	Diamètre du noyau du trou poinçonné d"	Écartement minimum 3 d" + 5	Écartement pour poutres.	Longueur du métal sur côté (laminé non travaillé)	Longueur du métal en bout (métal cisaillé).	Exemple de Signes. (Cas où le diamètre courant est 20)	— Rivets —	— Boulons —
1	2	3	4	5	6	7	8		
6	6, 6	6, 9	25	70	10	12			
8	8, 8	9	32	75	13	15			
10	10, 9	11, 2	38	80	16	20	Trou à réserver.		
12	13	13, 3	45	85	20	25			
14	15, 1	15, 5	52	90	23	30			
16	17, 2	17, 6	58	100	26	35	16		
18	19. 2	19, 6	65	110	30	38	18		
20	21, 3	21, 9	70	125	33	42	20		
24	25, 4	26	85	150	41	50	24		
30	31, 5	32	100	180	49	55	30		

Vve Pirbal

— · Tableau 6 · —

— Ronds acier doux —

10-26

Diamètre m m (1)	Section m m² (2)	Poids du mètre courant Kgs. (3)	Résistance en kilos				Moment d'Inertie $\frac{I}{}$ m m⁴ (8)	Module de Section $\frac{I}{V}$ m m³ (9)	Moment d'Inertie polaire Ip m m⁴ (10)	Module $\frac{I}{V}$ p m m³ (11)
			Traction T 10 kilos (4)	Cisaillement C 10 × 0,8 soit 8 kilos (5)	Filetés (au fond du filet) ℓ = 8 (6)	Filetés (avec serrage instant.) ℓ = 2,800 (7)				
10	79	0,610	790	630	400	140	500	100	1.000	200
12	113	0,880	1.130	904	592	210	1.000	170	2.000	340
14	154	1,200	1.540	1.230	820	280	1.900	270	3.800	540
16	201	1,565	2.010	1.610	1.130	370	3.200	400	6.400	800
18	255	1,980	2.550	2.040	1.360	470	5.300	580	10.600	1.160
20	314	2,440	3.140	2.510	1.750	610	7.800	780	15.600	1.560
24	453	3,520	4.530	3.600	2.530	880	16.000	1.330	32.000	2.660
30	707	5,500	7.070	5.650	4.060	1.420	39.800	2.650	70.600	5.200
36	1.020	7,920	10.000	8.100	5.750	2.020	82.300	4.570	164.500	9.140
42	1.385	10,800	13.800	11.000	8.030	2.810	152.500	7.260	305.000	14.500
48	1.810	14,100	18.000	14.500	10.450	3.670	261.000	10.850	521.000	21.700
60	2.830	22,000	28.000	22.600	17.500	6.130	636.000	21.200	1.270.000	42.400
80	5.030	39,110	50.000	40.200	31.600	11.000	2.010.000	50.500	4.020.000	101.000

Louis Perbal

— Tableau 7 —

___ Plats ___

10-26

P = 10

Largeur	Épaisseur	Poids du mètre	Section brute	Diamètre		Section nette	Charge	Nombre de rivets au cisaillement simple	Épaisseur gousset	Moment d'inertie I	Module de flexion L/v	Moment d'inertie minimum I	Module de flexion L/v	Longueur
				Rivet	Trou									
1	2	3	4	5	6	7	8	9	10	11	12	13	14	15
20	2	0,35	40	6	6,6	29	290	2	3	1.335	133	13	13	40
25	2,5	0,49	62	6	6,6	46	460	2	4	3.260	261	33	26	52
30	3	0,70	90	8	8,8	64	640	2	5	6.750	450	68	45	61
35	3,5	0,96	122	10	10,9	84	840	2	5	12.500	715	125	71	72
40	4	1,25	160	10	10,9	116	1160	2	6	21.300	1.070	213	106	85
50	5	1,95	250	12	13	185	1850	2	7	52.100	2.080	520	208	102
60	6	2,80	360	14	15,1	269	2690	2	8	108.000	3.600	1.080	360	126
70	7	3,81	490	16	17,2	369	3690	2	9	200.000	5.720	2.000	521	143
80	8	4,98	640	18	19,2	486	4860	2	10	341.000	8.530	3.410	853	163
90	9	6,30	810	20	21,3	618	6180	2	11	547.000	12.100	5470	1.210	183
100	10	7,78	1.000	20	21,3	787	7870	3	11	833.000	16.700	8.330	1.670	204
120	12	11,20	1.440	24	25,4	1.135	11350	3	13	1.730.000	28.800	17.300	2.880	245
150	15	17,50	2250	30	31,5	1.810	18100	3	16	4.220.000	56.200	42.200	5.620	306

Louis Perbal.

— Cornières égales considérées comme équerres — ∟

(12) v indique la distance entre la ligne des fibres centres et le talon de la cornière

7C.26 $\ell = 10$

Largeur	Épaisseur	Poids du mètre	Section brute	Diamètre		Section nette	Charge	Nombre de rivets remplis au cisaillement	Épaisseur gousset	Moment d'inertie I	v	Module de section I/v	Moment d'inertie minimum I	Limite longueur	Rayon de giration	Moment d'inertie minimum I	Limite longueur	Moment d'inertie maximum I	Limite longueur
				Rivet	Trou poinçonné														
1	2	3	4	5	6	7	8	9	10	11	12	13	14	15	16	17	18	19	20
20	2.5	0,74	94	6	6,6	77	770	2	3	3.440	6	247	1.440	225	3,9	10.850	540	30.600	640
25	3	1,10	141	6	6,6	121	1210	3	4	8.200	7,4	465	3.360	345	4,9	26.000	680	73.900	810
30	3,5	1,50	198	8	8,8	167	1.670	3	5	16.600	8,8	783	6.860	415	5,9	52.600	815	145.500	950
35	4	2,06	264	10	10,9	220	2.200	3	5	30.200	10,2	1.215	12.450	485	6,9	96.400	965	256.000	1.100
40	4	2,60	304	10	10,9	261	2.610	4	5	46.000	11,5	1.610	18.600	555	7,8	146.800	1.100	377.000	1.250
50	5	3,15	475	12	13	430	4.300	5	6	112.000	14,3	3.150	45.900	695	9,8	358.000	1.350	938.000	1.550
60	6	5,39	684	14	15,4	594	5.940	5	7	233.000	17,2	5.450	94.300	830	11,8	742.000	1.400	1.840.000	1.850
70	7	7,34	931	16	17,2	811	8.110	5	8	432.000	21	8.660	177.000	975	13,8	1.325.000	1.900	3.590.000	2.200
80	8	9,60	1.215	18	19,2	1.665	10.650	5	9	737.000	23	12.900	298.000	1.100	15,7	2.360.000	2.200	6.110.000	2.500
90	9	12,10	1.540	20	21,3	1.350	13.500	5	11	1.180.200	26	18.400	480.000	1.250	17,6	3.260.000	2.500	9.940.000	2.850
100	10	14,50	1.900	20	21.3	1.710	17.100	6	11	1.800.000	29	25.200	730.000	1.400	19,6	5.240.000	2.750	14.900.000	3.150
120	12	21.30	2.740	24	25,4	2.430	24.300	6	13	3.800.000	35	43.600	1.510.000	1.650	23,5	11.900.000	3.200	30.700.000	3.650
150	15	33,30	4.270	30	32,5	3830	38.300	7	15	9.100.000	43	85.200	3.700.000	2.100	29,4	29.000.000	4.100	74.000.000	4.650

Louis Perbal

— Tableau 9 —

— Cornières égales appuyées aux 2 extrémités —
Chargées debout $P = \dfrac{50\,000\,I}{L^2}$

Charge maximum en kilos, que la cornière peut supporter, sa longueur en ᵐ/ᵐ étant de :

1 Longueur	2 Épaisseur	3 Section	4 Poids	5	6	300	400	600	800	1000	1200	1400	1600	1800	2000
20	2,5	94	6	940	0,20	800	450	200	115	70	50	35	28	22	—
25	3	141	6	1410	1,10	—	1050	425	260	170	115	85	65	52	42
30	3,5	198	8	1980	1,54	—	—	950	535	345	240	175	135	100	85
35	4	264	10	2640	2,06	—	—	1730	1000	620	430	320	245	190	155
40	4	300	10	3000	2,40	—	—	2580	1450	930	650	420	365	290	230
50	5	425	12	4250	3,25	—	—	—	3600	2300	1600	1130	895	710	570
60	6	620	14	6240	5,39	—	—	—	—	4700	3300	2400	1850	1450	1160
70	7	830	16	9310	7,31	—	—	—	—	—	8850	[illegible]	4500	3460	2750
80	8	1045	18	12150	9,66	—	—	—	—	—	10500	7600	5830	4600	3710
90	9	1300	20	15410	13,10	—	—	—	—	—	—	12200	9400	7400	6000
100	10	1900	24	19000	14,90	—	—	—	—	—	18500	14300	11500	9100	7150
120	12	2300	24	25500	21,30	—	—	—	—	—	—	—	—	23500	19000
150	15	4900	30	42300	33,30	—	—	—	—	—	—	—	—	—	—

1 Longueur	2250	2500	2750	3000	4000	5000	6000	7000	8000	10000	12000	15000	8 Rayon de giration	9 Moment d'inertie maximum
20	—	—	—	—	—	—	—	—	—	—	—	—	3,3	1440
25	33	27	—	—	—	—	—	—	—	—	—	—	4,9	3360
30	68	55	45	38	—	—	—	—	—	—	—	—	5,9	6880
35	125	100	82	70	39	—	—	—	—	—	—	—	6,9	12450
40	185	150	125	105	58	—	—	—	—	—	—	—	7,8	18600
50	450	365	300	260	140	90	64	—	—	—	—	—	9,8	45900
60	890	750	620	520	290	190	130	95	74	—	—	—	11,8	94300
70	2210	1720	1410	1160	980	550	350	245	120	90	—	—	13,8	177000
80	2900	2400	1960	1650	930	595	415	365	230	150	105	—	15,7	298000
90	4700	3850	3160	2670	1600	960	660	490	375	240	170	105	17,6	480000
100	5850	4850	4060	2270	1460	1010	745	570	365	250	160	—	19,6	730000
120	15000	12100	10000	8400	4700	3090	2100	1540	1180	755	525	335	23,5	1510000
150	36500	29600	24400	20500	11600	7400	5150	3780	2900	1850	1300	895	29,4	3700000

Cornières égales appuyées aux 2 extrémités

1 Longueur	2 Épaisseur	3 Section	4 Poids	5	6	300	400	600	800	1000	1200	1400	1600	1800	2000
20	4	144	16	1440	1,10	—	1050	595	265	150	95	65	50	37	30
25	4	184	12	1840	1,40	—	—	1250	555	315	200	140	100	80	65
30	5	251	14	2350	2,90	—	—	—	1250	716	455	315	230	180	140
35	5	325	14	5250	2,60	—	—	—	2100	1200	750	520	385	295	230
40	6	444	16	6000	3,50	—	—	—	3200	2100	1330	930	680	520	410

1 Longueur	2250	2500	2750	3000	4000	5000	6000	8 Rayon de giration	9 Moment d'inertie maximum
20	24	—	—	—	—	—	—	3,6	1900
25	50	40	32	26	—	—	—	4,7	4000
30	110	90	73	60	50	—	—	5,7	9100
35	196	145	120	100	85	47	—	6,8	15050
40	330	260	215	180	150	85	53	7,8	26700

Louis Barbal

—2 Cornières appuyées aux 2 extrémités, talons opposés—
Chargées debout

(Voir tableau 8, colonne 15 pour la limite maximum des distances d'attache.)
10-26

$$P = \frac{30\,000\,I}{L^2}$$

Charge maximum en kilos que la barre peut supporter, sa longueur en m. étant de :

Largeur (1)	Épaisseur (2)	Section brute (3)	Rivet (4)	Compression simple R=10 (5)	Épanouissement (6)	600	800	1000	1200	1400	1600	1800	2000	2250	2500	2750	3000	4000	5000	6000	7000	8000	10000	12000	15000	Rayon de giration (8)	Moment d'inertie minimum (9)
20	2,5	188	6	1.880	3	1.510	850	542	376	277	212	167	135	102	87	72	60	—	—	—	—	—	—	—	—	7,6	10.850
25	3	282	6	2.820	4	—	2.030	1.300	902	664	508	400	325	257	208	172	145	81	52	—	—	—	—	—	—	9,6	26.000
30	3,5	396	8	3.960	5	—	—	2.630	1.825	1.340	990	812	658	520	420	348	292	164	105	73	—	—	—	—	—	11,5	52.600
35	4	528	10	5.280	5	—	—	—	4.820	3.350	2.460	1.885	1.490	1.200	950	770	637	535	300	193	135	98	77	—	—	13,5	36.400
40	4	608	10	6.080	5	—	—	—	—	5.100	3.740	2.860	2.260	1.830	1.450	1.170	970	815	458	294	205	150	115	—	—	15,5	146.800
50	5	950	12	9.500	6	—	—	—	—	—	9.130	7.000	5.530	4.480	3.530	2.870	2.370	1.990	1.120	716	497	365	280	180	124	19,4	358.000
60	6	1.370	14	13.700	7	—	—	—	—	—	—	11.450	9.280	7.330	5.930	4.900	4.120	2.320	1.485	1.060	757	580	370	260	165	23,2	742.000
70	7	1.860	16	18.600	8	—	—	—	—	—	—	—	17.200	13.600	11.000	9.100	7.630	4.300	2.750	1.910	1.400	1.075	682	478	306	27,2	1.375.000
80	8	2.430	18	24.300	9	—	—	—	—	—	—	—	—	23.300	18.900	15.600	13.100	7.380	4.720	3.260	2.410	1.845	1.180	820	525	31,2	2.360.000
90	9	3.080	20	30.800	11	—	—	—	—	—	—	—	—	—	30.100	24.900	20.900	11.750	7.530	5.220	3.840	2.940	1.880	1.300	835	34,9	3.760.000
100	10	3.800	20	38.000	11	—	—	—	—	—	—	—	—	—	—	38.000	31.900	17.900	11.500	7.950	5.850	4.480	2.870	2.000	1.270	38,9	5.740.000
120	12	5.780	24	57.800	13	—	—	—	—	—	—	—	—	—	—	—	—	37.200	23.800	16.500	12.150	9.300	5.950	4.130	2.640	45,4	11.900.000
150	15	8.540	30	85.400	15	—	—	—	—	—	—	—	—	—	—	—	—	—	58.000	40.300	29.600	22.700	14.500	10.100	6.450	58,4	29.000.000

Louis Perbal

— A Cornières égales appuyées **aux 2 extrémités**, avec gousset normal —

Chargées debout

(Voir tableau 8, colonne 15 pour la limite maximum des distances d'attache)

10-26

$$P = 50.000\ \frac{I}{L^2}$$

Charge maximum en kilos que la barre peut supporter, sa longueur en $\frac{7}{m}$ étant de :

Largeur (1)	Épaisseur (2)	La Section brute (3)	Poids (4)	Compression simple ℓ=10 (5)	Hauteur gousset (6)	800	1.000	1.200	1.400	1.600	1.800	2.000	2.250	2.500	2.750	3.000	4.000	5.000	6.000	7.000	8.000	10.000	12.000	15.000	Rayon (de giration) (8)	Moment d'inertie minimum (9)
20	2,5	376	6	3.760	3	2.390	1.530	1.060	780	600	475	380	300	245	200	170	95	61	42	—	—	—	—	—	9	30.600
25	3	564	6	5.640	4	—	3.700	2.560	1.880	1.440	1.140	925	730	430	490	410	230	145	100	75	58	—	—	—	10,9	73.900
30	3,5	792	8	7.920	5	—	7.300	5.050	3.710	2.850	2.250	1.815	1.435	1.160	960	810	455	290	200	150	115	73	—	—	13,6	145.500
35	4	1.055	10	10.550	5	—	—	8.900	6.530	5.000	3.950	3.200	2.530	2.050	1.690	1.425	800	510	355	260	200	130	90	—	15,6	256.000
40	4	1.215	10	12.150	5	—	—	—	9.630	7.380	5.820	4.700	3.720	3.020	2.490	2.100	1.170	755	525	385	295	190	130	84	17,6	322.000
50	5	1.900	12	19.000	6	—	—	—	—	18.300	14.500	11.700	9.260	7.150	6.200	5.220	2.930	1.875	1.300	955	732	420	325	210	22,2	338.000
60	6	2.740	14	27.400	7	—	—	—	—	—	23.000	18.150	14.700	12.150	10.250	5.750	3.680	2.550	1.880	1.440	920	640	410	25,9	1.840.000
70	7	3.720	16	37.200	8	—	—	—	—	—	—	—	35.500	28.700	23.700	20.000	11.200	7.180	5.000	3.670	2.800	1.800	1.240	800	31	3.590.000
80	8	4.860	18	48.600	9	—	—	—	—	—	—	—	—	—	40.400	34.000	19.100	12.200	8.500	6.830	4.570	3.060	2.120	1.360	35,5	6.110.000
90	9	6.160	20	61.600	11	—	—	—	—	—	—	—	—	—	—	55.300	31.000	19.800	13.800	10.150	7.760	4.970	3.450	2.200	40,1	9.940.000
100	10	7.600	20	76.000	11	—	—	—	—	—	—	—	—	—	—	—	46.600	29.800	20.700	15.200	11.600	7.450	5.180	3.310	44,3	14.900.000
120	12	11.000	24	110.000	13	—	—	—	—	—	—	—	—	—	—	—	96.000	61.400	42.200	31.400	24.000	15.350	10.600	6.820	52,8	30.700.000
150	15	17.100	30	171.000	15	—	—	—	—	—	—	—	—	—	—	—	—	148.000	103.000	75.500	57.800	37.000	25.200	16.400	65,7	24.000.000

Louis Perbal

— Cornières inégales considérées comme équerres — — Tableau 12 —

(13) & (16) v' indique la distance entre la ligne des fibres neutres & le talon de la cornière
(22) Le moment d'inertie des cornières de 80/60 – 90/70 – & 100/80 est minimum avec ceux de la colonne (15) doublés
(24) La distance indiquée est celle qu'il est nécessaire d'avoir entre les lignes des fibres neutres de 2 cornières placées dos à dos pour le moment d'inertie soit de même importance dans les 2 sens.

10-26

$R = 10$

1 Ailes	2 Ailes	3 Épaisseur	4 Poids	5 Section brute	6 Diamètre Rivet	7 Diamètre Trou	8 Section nette	9 Charge nette	10 Nombre de rivets simple recouvrement	11 Épaisseur gousset	12 Moment d'inertie	13 v'	14 Module de section	15 Moment d'inertie	16 v'	17 Module de section	18 Moment d'inertie minimum	19 Limite longueur	20 Moment d'inertie minimum	21 Limite longueur	22 Moment d'inertie minimum	23 Limite longueur	24 Distance talon	25 Limite longueur
20	14	2,5	0,62	79	6	6,6	62	620	2	3	1.230	4	121	3.070	6,8	233	600	195	4.980	395	7.220	475	2	525
25	17	3	0,92	117	6	6,6	97	970	2	4	2.690	4,5	215	7.200	8,5	436	1.500	255	10.100	465	15.250	570	4	600
30	20	3,5	1,28	163	8	8,8	132	1.320	2	5	5.140	5,3	349	14.450	10,3	734	3.200	315	27.600	650	30.200	680	5	750
35	25	4	1,75	224	10	10,9	180	1.800	2	5	11.500	6,5	620	27.000	14,6	1.150	5.700	355	41.800	675	59.200	815	4	850
40	25	4	1,9	244	10	10,9	200	2.000	2	6	11.900	6,3	630	39.200	13,8	1.500	6.700	375	43.200	655	66.000	820	9	1.000
50	30	4	2,4	304	12	13	252	2.520	2	6	21.500	7,1	940	78.000	17,1	2.370	14.700	495	73.600	780	105.000	930	14	1.250
60	40	5	3,7	475	14	15,1	400	4.000	2	8	62.700	9,7	2.070	174.000	19,3	4.340	36.600	620	215.000	1.100	303.000	1.250	12	1.450
70	50	6	5,3	684	16	17,2	580	5.800	4	8	145.000	12,6	3.880	338.000	22,6	7.140	80.000	765	506.000	1.350	666.000	1.550	9	1.700
80	60	7	7,3	930	18	19,2	795	7.950	3	10	290.000	15,4	6.500	598.000	25,4	10.900	170.000	970	1.020.000	1.650	1.195.000	1.800	6	1.900
90	70	8	9,6	1.220	20	21,3	1.045	10.450	3	10	522.000	18,2	10.100	982.000	28,3	15.900	272.000	1.050	1.860.000	1.950	1.965.000	2.000	3	2.150
100	80	9	12	1.530	20	21,3	1.340	13.400	4	10	872.000	20,2	14.700	1.720.000	30,2	24.600	494.000	1.250	3.090.000	2.250	3.440.000	2.350	5	2.550
120	80	10	14,8	1.900	24	25,4	1.645	16.450	4	12	1.000.000	19,7	16.600	2.780.000	39,7	34.900	568.000	1.250	3.480.000	2.150	4.500.000	2.450	22	2.900
150	100	12	22,9	2.860	24	25,4	2.550	25.500	6	12	2.370.000	24,5	32.600	6.160.000	49,4	65.200	1.340.000	1.550	7.560.000	2.550	9.380.000	2.850	23	3.500

Louis Perbal

Tableau 13

Cornières inégales appuyées aux 2 extrémités

Chargées debout

$$P = \frac{50.000\,I}{L^2}$$

10-26

Ailes a	Ailes b	Épaisseur	Poids du mètre	Section brute	Compression simple	Rivet	Charge maximum en kilos que la cornière peut supporter, sa longueur en m étant de :																							Rayon de giration	Moment d'inertie minimum
1	2	3	4	5	6	7	250	300	400	600	800	1.000	1.200	1.400	1.600	1.800	2.000	2.250	2.500	2.750	3.000	4.000	5.000	6.000	7.000	8.000	10.000	12.000	15.000	9	10
20	14	2,5	0,62	79	790	6	480	335	185	83	47	30	21	—	—	—	—	—	—	—	—	—	—	—	—	—	—	—	—	2,8	600
25	12	3	0,92	117	1.170	6	—	835	470	210	115	75	52	38	29	—	—	—	—	—	—	—	—	—	—	—	—	—	—	3,6	1.500
30	20	3,5	1,28	163	1.630	8	—	—	1.000	445	250	160	110	81	62	49	40	31	—	—	—	—	—	—	—	—	—	—	—	4,4	3.200
35	25	4	1,75	224	2.240	10	—	—	1.780	790	445	285	200	145	110	88	71	56	45	—	—	—	—	—	—	—	—	—	—	5	5.700
40	25	4	1,9	244	2.440	10	—	—	2.100	930	520	335	230	170	130	105	81	66	54	44	—	—	—	—	—	—	—	—	—	5,2	6.700
50	30	4	2,4	304	3.040	12	—	—	—	2.040	1.150	735	500	375	290	225	185	145	120	98	80	—	—	—	—	—	—	—	—	7	14.700
60	40	5	3,7	475	4.750	14	—	—	—	—	2.830	1.850	1.270	930	715	565	455	360	295	245	205	115	73	—	—	—	—	—	—	8,7	36.600
70	50	6	5,3	684	6.840	16	—	—	—	—	6.250	4.000	2.750	2.040	1.560	1.220	1.000	790	640	530	445	250	160	110	82	—	—	—	—	10,8	80.000
80	60	7	7,3	930	9.300	18	—	—	—	—	—	8.500	5.900	4.300	3.320	2.600	2.130	1.680	1.360	1.125	945	530	340	235	174	135	65	—	—	13,5	170.000
90	70	8	9,6	1.280	12.800	20	—	—	—	—	—	—	9.400	6.900	5.300	4.200	3.400	2.700	2.170	1.800	1.510	850	545	380	278	210	135	—	—	14,9	272.000
100	80	9	12	1.530	15.300	20	—	—	—	—	—	—	—	11.600	9.600	7.600	5.150	4.900	3.950	3.250	2.740	1.540	985	685	500	365	245	170	110	17,9	494.000
120	80	10	14,3	1.900	19.000	24	—	—	—	—	—	—	—	14.500	11.300	10.100	7.100	5.610	4.550	3.750	3.150	1.780	1.140	790	580	445	285	200	125	17,2	568.000
150	100	12	22,5	2.860	28.600	24	—	—	—	—	—	—	—	—	26.200	20.700	16.750	13.400	10.700	8.870	7.440	4.190	2.680	1.860	1.365	1.045	670	465	300	21,6	1.340.000

Louis Perbal.

— Tableau 14 —

2 Cornières inégales appuyées aux 2 extrémités

Chargées debout ~ Assemblage sur gousset normal ~

(Voir tableau 13, colonne 19 pour la limite maximum des distances d'attache)

10-26

$$P = \dfrac{50.000\,l}{L^{2}}$$

Ailes (1)	Largeur (2)	Épaisseur (3)	Poids du mètre (4)	Section brute (5)	Rivet (6)	Compression simple L/i=10 (7)	Rayon de giration (9)	Moment d'inertie minimum (10)
20	14	2,5	1,24	158	6	1.580	7,7	7.200
25	17	3	1,84	234	6	2.340	8,7	15.250
30	20	3,5	2,56	326	8	3.260	9,6	30.200
35	25	4	3,5	448	10	4.480	11,5	59.200
40	25	4	3,8	488	10	4.880	11,6	66.000
50	30	4	4,8	608	12	6.080	13,4	105.000
60	40	5	7,4	950	14	9.500	17,9	303.000
70	50	6	10,6	1.370	16	13.700	22	666.000
80	60	7	14,6	1.820	18	18.200	25,3	1.195.000
90	70	8	19,2	2.430	20	24.300	28,4	1.965.000
100	80	9	24	3.060	20	30.600	33,5	3.440.000
120	80	10	28,6	3.800	24	38.000	34,4	4.500.000
150	100	12	45,8	5.470	24	54.700	38,4	9.380.000

Charge maximum en kilos que la barre peut supporter, sa longueur en m étant de (8) :

Ailes (1)	600	800	1.000	1.200	1.400	1.600	1.800	2.000	2.250	2.500	2.750	3.000	4.000	5.000	6.000	7.000	8.000	10.000	12.000	15.000
20	1.000	565	360	250	180	140	110	90	71	57	47	40	22	—	—	—	—	—	—	—
25	2.120	1.200	760	530	390	300	235	190	150	120	100	85	48	30	—	—	—	—	—	—
30	—	2.360	1.510	1.050	770	590	465	380	300	240	200	170	95	60	42	30	—	—	—	—
35	—	—	2.960	2.050	1.510	1.160	915	740	585	475	390	330	185	120	82	60	46	—	—	—
40	—	—	3.300	2.300	1.680	1.300	1.000	825	650	530	435	365	205	130	92	67	52	—	—	—
50	—	—	5.250	3.640	2.680	2.050	1.620	1.310	1.030	840	695	580	330	210	145	105	82	52	—	—
60	—	—	—	7.730	5.900	4.680	3.800	3.000	2.420	2.000	1.680	945	605	420	310	235	150	105	67	—
70	—	—	—	—	13.000	10.300	8.300	6.570	5.330	4.400	3.700	2.080	1.330	920	680	520	335	230	150	—
80	—	—	—	—	—	14.900	11.800	9.550	8.050	6.650	5.740	3.740	2.380	1.660	1.220	935	600	415	270	—
90	—	—	—	—	—	—	—	23.300	18.400	14.900	12.300	10.400	5.820	3.710	2.730	1.900	1.530	930	650	415
100	—	—	—	—	—	—	—	—	—	27.500	23.700	19.100	10.700	6.900	4.770	3.500	2.680	1.720	1.200	765
120	—	—	—	—	—	—	—	—	—	36.000	29.700	25.000	14.000	9.000	6.250	4.600	3.510	2.250	1.560	1.000
150	—	—	—	—	—	—	—	—	—	—	—	52.000	23.400	18.700	11.100	9.550	6.250	4.700	3.250	2.080

Louis Ferbal.

U

(23) Les chiffres soulignés sont des minima, supérieurs à la distance théorique

Louis Perbal. R = 10

10-26

1 Charge	2 Hauteur	3 Épaisseur	4 Poids du mètre	5 Section brute	6 Traits âme	7 Traits ailes	8 Diamètre Rivet	9 Diamètre Trou goujonné	10 Section nette	11 Nombre de rivets ample cisaillement	12 Genou normal	13 Moment d'inertie I	14 Module de section I/v	15 Moment d'inertie I	16 v'	17 Module de section I/v	18 limite longueur	19 Moment d'inertie minimum	20 limite longueur	21 Moment d'inertie minimum	22 limite longueur	23 Distance talons	24 Distance talons	25 limite longueur
30	15	3,5-4,2	1,6	202	15	8	8	8,8	171	4	5	20.200	1.615	4.030	5,5	422	315	20.260	500	33.900	650	95	9	800
35	16,2	4-5	2,1	276	17,5	9	10	10,9	232	4	5	44.900	2.570	7.500	6,4	622	370	37.600	580	58.600	750	40	10	900
40	20	4,5-5,5	2,7	352	20	11	12-6	13,3-6,6	294	3	6	75.200	3.760	12.150	7,1	757	490	60.400	600	96.900	800	45	12	1.080
50	25	5-6	3,3	490	25	14	12-8	13,3-9	424	4	6	169.000	6.760	27.000	8,6	1.685	530	137.500	810	137.000	1.000	55	17	1.300
60	30	6-6,5	5	672	50	17	14-8	15,5-9	579	4	6	315.000	10.610	50.900	9,3	2.490	645	233.000	930	325.000	1.120	65	20	1.550
70	40	5-6,5	6,3	862	35	23	16-10	17,6-11,2	756	4	8	618.000	17.650	130.000	13,2	4.870	670	560.000	1.275	730.000	1.500	85	27	1.900
80	45	6-8	8,65	1.100	40	26	20-10	21,8-11,2	973	4	8	1.070.000	26.700	194.000	14,5	6.360	940	850.000	1.400	1.140.000	1.600	95	27	2.200
100	50	6-8,5	10,6	1.350	50	28	20-12	21,8-13,3	1.215	5	8	2.070.000	41.400	293.000	15,5	8.490	1.050	1.225.000	1.500	1.410.000	1.600	105	42	2.750
120	55	7-9	13,4	1.700	30-60-30	34	14	15,5	1.455	11	8	3.670.000	61.200	432.000	16	11.050	1.400	1.735.000	1.600	2.220.000	1.800	119	55	3.250
140	60	7-10	16	2.045	34-78-34	34	14	15,5	1.775	14	10	6.100.000	87.000	657.000	17,5	14.730	1.250	2.500.000	1.750	3.310.000	2.000	189	63	3.900
160	65	7,5-10	18,8	2.400	37-86-37	37	16	17,6	2.090	13	10	9.320.000	116.500	853.000	18,4	18.300	1.350	3.280.000	1.850	4.270.000	2.100	157	84	4.500
180	70	8-11	21,9	2.800	40-100-40	40	16	17,6	2.470	15	10	13.650.000	151.500	1.140.000	19,2	22.400	1.400	4.340.000	1.950	5.550.000	2.100	172	95	4.950
200	75	8-12	25,3	3.230	43-114-43	43	20	21,8	2.790	11	10	19.250.000	192.500	1.490.000	20,1	25.900	1.500	5.580.000	2.100	7.030.000	2.350	139	108	5.450
220	80	9-13	29,4	3.750	46-128-46	46	20	21,8	3.290	13	12	26.900.000	245.000	1.970.000	21,4	33.600	1.600	7.360.000	2.200	9.560.000	2.500	206	120	6.000
260	90	10-14	33,9	4.840	51-72-71-51	54	20	21,9	4.310	17	12	48.200.000	371.000	3.170.000	23,6	47.800	1.800	11.750.000	2.450	14.800.000	2.750	242	146	7.000
300	100	10-16	46,1	5.880	57-93-93-57	57	20	21,9	5.310	20	15	80.300.000	535.000	4.950.000	22	67.200	2.050	18.450.000	2.800	23.900.000	3.100	280	172	8.300

Tableau 16

U appuyés aux 2 extrémités
Chargés debout

$$P = \frac{50.000\,I}{L^2}$$

10-26

Charge maximum en kilos que l'U peut supporter, sa longueur en m étant de :

Largeur	Hauteur	Épaisseurs	Poids	Section brute	Rivet	Compression simple	400	600	800	1.000	1.200	1.400	1.600	1.800	2.000	2.250	2.500	2.750	3.000	4.000	5.000	6.000	7.000	8.000	10.000	12.000	15.000	Rayon de giration	Moment d'inertie minimum
30	15	3,5-4,2	1,6	202	8	2.020	1.260	560	315	201	140	103	79	62	50	40	32	—	—	—	—	—	—	—	—	—	—	4,5	4.030
35	17,5	4-5	2,1	276	10	2.760	2.340	1.040	585	375	260	191	146	116	94	74	44	49	42	—	—	—	—	—	—	—	—	5,2	7.500
40	20	4,5-5,5	2,7	352	12-6	3.520	—	1.730	972	622	432	317	243	192	155	123	100	82	69	—	—	—	—	—	—	—	—	5,9	12.450
50	25	5-6	3,9	490	12-8	4.900	—	3.840	2.150	1.380	958	704	540	426	346	273	220	182	153	86	55	—	—	—	—	—	—	7,5	27.600
60	30	6-6,5	5	672	14-8	6.720	—	—	3.970	2.540	1.765	1.295	995	786	535	502	407	336	283	159	102	71	62	—	—	—	—	8,2	50.900
70	40	6-6,5	6,8	862	16-10	8.620	—	—	—	6.500	4.500	3.310	2.540	2.000	1.625	1.285	1.040	860	722	405	260	180	132	101	—	—	—	12,3	130.000
80	45	6-8	8,65	1.100	20-10	11.000	—	—	—	9.700	6.730	4.950	3.790	3.000	2.410	1.915	1.550	1.280	1.080	605	388	270	198	151	97	—	—	13,3	194.000
100	50	6-8,5	10,6	1.350	20-12	13.500	—	—	—	—	10.200	7.470	5.720	4.520	3.660	2.900	2.340	1.940	1.630	915	586	407	300	228	146	102	—	14,7	293.000
120	55	7-9	13,4	1.700	14	17.000	—	—	—	—	15.000	11.000	8.450	6.670	5.400	4.270	3.460	2.860	2.400	1.350	865	600	442	337	216	150	96	15,9	432.000
140	60	7-10	16	2.040	14	20.400	—	—	—	—	—	15.950	12.650	9.670	7.840	6.180	5.010	4.140	3.480	1.960	1.250	870	640	490	313	217	139	17,5	627.000
160	65	7,5-10,5	18,8	2.400	16	24.000	—	—	—	—	—	21.700	16.200	13.150	10.700	8.440	6.820	5.640	4.740	2.670	1.710	1.185	870	663	426	296	190	18,9	853.000
180	70	8-11	21,9	2.800	16	28.000	—	—	—	—	—	—	28.300	17.600	14.250	11.250	9.120	7.540	6.330	3.560	2.280	1.580	1.160	890	570	396	253	20,2	1.140.000
200	75	8,5-11,5	25,3	3.230	20	32.300	—	—	—	—	—	—	28.300	22.800	18.500	14.600	12.800	9.780	8.220	4.630	2.960	2.050	1.510	1.150	740	514	329	21,4	1.480.000
220	80	9-12,5	23,4	3.750	20	37.500	—	—	—	—	—	—	—	30.400	24.600	19.400	15.750	13.000	10.900	6.160	3.940	2.740	2.010	1.540	985	684	437	22,9	1.970.000
260	90	10-14	37,9	4.840	20	48.400	—	—	—	—	—	—	—	—	39.600	31.300	25.300	21.000	17.600	9.920	6.340	4.400	3.240	2.470	1.585	1.100	705	25,6	3.170.000
300	100	10-16	46,1	5.820	20	58.800	—	—	—	—	—	—	—	—	—	48.800	39.600	32.700	27.500	15.400	9.900	6.870	5.050	3.860	2.470	1.720	1.100	29	4.950.000

Louis Perbal

Tableau 17

2 U appuyés aux 2 extrémités

Chargés debout — Assemblage sur gousset normal

$$P = \dfrac{50.000\,I}{L^2}$$

(Voir tableau 15, colonne 18, pour la limite maximum de distance des attaches)

10-26

Propriétés de la pièce

Largeur	Hauteur	Épaisseur	Poids	Section brute	Rivet	Compression simple	Gousset	Rayon de giration	Moment d'inertie minimum
1	2	3	4	5	6	7	8	10	11
30	15	3,5-4,2	3,2	404	8	4.040	5	9,8	33.900
33	17,5	4-5	4,8	552	10	5.520	5	10,3	58.600
40	20	4,5-5,5	5,4	704	12-6	7.040	6	11,7	96.900
50	25	5-6	7,8	980	12-8	9.800	6	13,8	187.000
60	30	6-6,5	10	1345	14-8	13.450	6	15,5	325.000
70	40	6-6,5	13,6	1725	16-10	17.250	8	21,1	270.000
80	45	6-8	17,3	2200	20-10	22.000	8	22,8	1.140.000
100	50	6-8,5	21,2	2700	20-12	27.000	8	22,9	1.410.000
120	55	7-9	26,8	3400	14	34.000	8	25,6	2.220.000
140	60	7-10	32	4080	14	40.800	10	28,5	3.310.000
160	65	7,5-10,5	37,6	4800	16	48.000	10	29,8	4.270.000
180	70	8-11	43,8	5600	16	56.000	10	31,6	5.560.000
200	75	8,2-11,5	50,6	6460	20	64.600	10	33	7.030.000
220	80	9-12,5	58,8	7500	20	75.000	12	35,7	9.560.000
260	90	10-14	75,8	8680	20	86.800	12	39,1	14.800.000
300	100	10-16	92,9	11730	20	117.500	15	45,1	23.900.000

Charge maximum en kilos que la pièce peut supporter, sa longueur en m étant de :

Largeur	800	1000	1.200	1400	1.600	1800	2.000	2.250	2.500	2.750	3.000	4.000	5.000	6.000	7.000	8.000	10.000	12.000	15.000
30	2.650	1.695	1.175	865	663	523	424	334	272	224	188	106	68	—	—	—	—	—	—
33	4.570	2.930	2.030	1.495	1.145	905	732	568	468	374	326	183	117	81	—	—	—	—	—
40	—	4.840	3.360	2.470	1.890	1.490	1.210	955	764	640	538	302	193	134	99	—	—	—	—
50	—	9.350	6.500	4.770	3.660	2.890	2.340	1.840	1.495	1.235	1.040	584	374	260	191	148	—	—	—
60	—	—	11.300	8.280	6.350	5.020	4.060	3.200	2.600	2.150	1.800	1.015	650	458	332	254	162	—	—
70	—	—	—	—	15.050	11.900	9.620	7.600	6.160	5.080	4.280	2.400	1.540	1.070	786	600	585	267	171
80	—	—	—	—	—	17.600	14.250	11.250	9.110	7.540	6.330	3.560	2.280	1.580	1.160	890	570	396	253
100	—	—	—	—	—	21.900	17.550	14.000	11.350	9.390	7.890	4.440	2.840	1.970	1.450	1.110	710	493	315
120	—	—	—	—	—	—	27.700	21.900	17.750	14.700	12.350	6.930	4.440	3.080	2.260	1.730	1.110	772	493
140	—	—	—	—	—	—	—	32.600	26.500	21.900	18.400	10.350	6.680	4.600	3.380	2.580	1.655	1.150	735
160	—	—	—	—	—	—	—	42.100	34.800	28.200	23.700	13.300	8.540	5.930	4.360	3.340	2.130	1.480	930
180	—	—	—	—	—	—	—	55.000	44.500	36.700	30.900	17.400	11.100	7.730	5.670	4.340	2.780	1.930	1.235
200	—	—	—	—	—	—	—	—	56.200	46.500	39.100	21.900	14.050	9.760	7.170	5.490	3.510	2.440	1.560
220	—	—	—	—	—	—	—	—	—	63.200	53.200	29.900	19.150	13.300	9.760	7.480	4.780	3.320	2.120
260	—	—	—	—	—	—	—	—	—	—	82.200	46.200	29.600	20.600	15.100	11.200	7.400	5.120	3.280
300	—	—	—	—	—	—	—	—	—	—	—	74.200	47.800	33.200	24.400	18.650	11.930	8.300	5.310

— 2 U appuyés aux 2 extrémités — — Tableau 18 —

Chargés debout

Moment d'inertie égal dans les 2 sens

$$P = \dfrac{50.000\,I}{L^2}$$

(Voir tableau 15 { colonnes 23 & 24 pour la distance des talons)
{ colonne 18 pour la limite maximum de distance des attaches)

10-26

1 Largeur	2 Hauteur	3 Épaisseur	4 Poids	5 Section brute	6 Rivet	7 Compression simple
30	15	3,5-4,2	3,2	404	8	4.040
35	17,5	4-5	4,2	552	10	5.520
40	20	4,5-5,5	5,4	704	12-6	7.040
50	25	5-6	7,8	980	12-8	9.800
60	30	6-6,5	10	1.345	14-8	13.450
70	40	6-6,5	11,6	1.725	16-10	17.250
80	45	6-8	17,3	2.200	20-10	22.000
100	50	6-8,5	21,2	2.700	20-12	27.000
120	55	7-9	26,8	3.400	14	34.000
140	60	7-10	32	4.080	14	40.800
160	65	7,5-10,5	37,6	4.800	16	48.000
180	70	8-11	43,8	5.600	16	56.000
200	75	8,5-11,5	50,6	6.460	20	64.600
220	80	9-12,5	58,8	7.500	20	75.000
260	90	10-14	75,8	9.680	20	96.800
300	100	10-16	92,2	11.750	20	117.500

Charge maximum en kilos que la pièce peut supporter, sa longueur en m/m étant de: (colonne 8)

Largeur	800	1.000	1.200	1.400	1.600	1.800	2.000	2.250	2.500	2.750	3.000	4.000	5.000	6.000	7.000	8.000	10.000	12.000	15.000	20.000
30	3.780	2.420	1.680	1.235	945	745	605	478	387	520	269	150	97	67	—	—	—	—	—	—
35	—	4.490	3.120	2.290	1.750	1.385	1.120	885	720	593	500	280	180	125	91	70	—	—	—	—
40	—	—	5.220	3.840	2.930	2.320	1.875	1.485	1.200	995	752	470	300	209	153	117	—	—	—	—
50	—	—	—	8.640	6.600	5.220	4.220	3.000	2.710	2.230	1.880	1.055	675	470	342	265	169	117	—	—
60	—	—	—	—	12.400	9.850	7.950	6.300	5.090	4.200	3.540	1.985	1.270	885	650	495	318	220	141	—
70	—	—	—	—	—	—	15.400	12.200	9.900	8.150	6.180	3.860	2.470	1.715	1.260	965	618	430	274	154
80	—	—	—	—	—	—	—	21.100	17.100	14.100	11.850	6.650	4.280	2.970	2.180	1.670	1.070	745	475	267
100	—	—	—	—	—	—	—	—	—	—	23.000	12.950	8.300	5.750	4.220	3.240	2.070	1.435	920	517
120	—	—	—	—	—	—	—	—	—	—	—	22.900	14.700	10.200	7.500	5.740	3.670	2.550	1.630	917
140	—	—	—	—	—	—	—	—	—	—	—	38.100	24.400	16.950	12.450	9.550	6.100	4.230	2.710	1.525
160	—	—	—	—	—	—	—	—	—	—	—	—	37.300	25.900	19.000	14.600	9.320	6.470	4.140	2.330
180	—	—	—	—	—	—	—	—	—	—	—	—	54.600	37.900	27.800	21.500	13.650	9.470	6.060	3.410
200	—	—	—	—	—	—	—	—	—	—	—	—	—	53.500	39.300	30.100	19.250	13.350	8.550	4.810
220	—	—	—	—	—	—	—	—	—	—	—	—	—	74.500	54.900	42.000	26.900	18.700	11.950	6.720
260	—	—	—	—	—	—	—	—	—	—	—	—	—	—	—	75.300	48.200	33.500	21.400	12.000
300	—	—	—	—	—	—	—	—	—	—	—	—	—	—	—	—	80.200	55.700	35.700	20.000

Largeur	9 Rayon de giration	10 Moment d'inertie minimum
30	11	48.400
35	12,7	89.800
40	14,6	150.500
50	18,6	338.000
60	21,6	636.000
70	26,7	1.235.000
80	31,2	2.140.000
100	39,1	4.140.000
120	46,4	7.340.000
140	54,7	12.200.000
160	62,3	18.640.000
180	69,8	27.300.000
200	77,2	38.500.000
220	84,7	53.800.000
260	39,7	96.400.000
300	117	160.500.000

Louis Perbal.

= Tableau 19 =

= Doubles-Tés =

Louis Perbal.

$R = 10$

(18) L'échantillon indiqué est celui qui est nécessaire à la conservation du module de flexion (10)

(19) Le nombre de rivets indiqué est celui qui doit exister sur chaque côté des couvre-joints des ailes, ces rivets doivent être disposés en quinconce (Les profils 550 et 600 sont laminés par les Usines d'Hagondange)

10-26

Hauteur	Largeur	Épaisseurs	Poids	Section brute	Traits		Diamètres		Moment d'inertie I	Module de flexion I/v	Moment d'inertie minimum I	Module de flexion I/v	limite longueur	distance d'axes	limite longueur	Couvre-joints âme	Couvre-joints ailes échantillon du plat	Nombre de rivets
					âme	rivets	rivet	Trou poinçonné										
1	2	3	4	5	6	7	8	9	10	11	12	13	14	15	16	17	18	19
80	42	3,9-5,9	6	757		24	16-8	17,6-8,8	784.000	19.600	63.000	3.000	645	62	2.250	55/4	45/6	5
100	50	4,5-6,8	8,3	1.060		28	16-8	17,6-8,8	1.720.000	34.400	122.000	4.880	760	78	2.850	70/5	55/7	7
120	58	5,1-7,7	11,1	1.420		32	16-10	17,6-10,9	5.300.000	55.000	214.000	7.380	865	93	3.400	80/5	60/8	6
140	66	5,7-8,6	14,3	1.820		36	16-10	17,6-10,9	5.790.000	82.700	352.000	10.650	985	110	4.000	100/6	70/8	7
160	74	6,3-9,5	17,9	2.280		42	18-12	19,7-13,3	9.440.000	119.000	545.000	14.700	1.085	125	4.550	120/6	80/10	6
180	82	6,9-10,4	21,3	2.790		46	18-12	19,7-13,3	14.600.000	162.000	813.000	19.800	1.210	153	5.100	130/7	90/10	7
200	90	7,5-11,3	26,2	3.340		50	18-14	19,7-15,5	21.600.000	216.000	1.170.000	26.000	1.325	156	5.700	150/8	100/12	6
220	98	8,1-14,2	31	3.950	65-90-65	54	18-16	19,7-17,6	30.900.000	281.000	1.630.000	33.300	1.435	172	6.250	170/8	110/12	6
240	106	8,7-13,1	36,2	4.510	70-100-70	58	20-16	21,8-17,6	42.800.000	356.000	2.200.000	41.500	1.550	188	6.800	180/9	110/12	6
260	113	9,4-14,1	41,9	5.330	70-120-70	62	20-18	21,8-19,7	58.000.000	446.000	2.870.000	50.800	1.650	203	7.400	200/10	120/15	6
280	119	10,1-15,2	47,9	6.100	75-130-75	66	20-18	21,8-19,7	76.600.000	547.000	3.630.000	61.000	1.725	219	8.000	210/10	120/15	7
300	125	10,8-16,2	54,1	6.900	75-75-75-75	70	20	21,8	98.800.000	629.000	4.490.000	71.800	1.800	234	8.500	230/10	130/16	6
320	131	11,5-17,3	61	7.770	85-150-85	72	24-20	25,9-21,8	126.000.000	788.000	5.540.000	84.600	1.900	249	9.000	250/12	140/16	7
360	143	13-19,5	76,1	9.700	90-90-90-90	80	24-20	25,9-21,8	197.500.000	1.095.000	8.170.000	114.000	2.050	279	11.000	280/12	150/20	8
400	155	14,4-21,6	92,3	11.800	95-105-105-95	86	24	25,3	295.000.000	1.475.000	11.600.000	149.500	2.200	310	11.200	310/12	160/20	7
450	170	16,2-24,3	115	14.950	100-125-125-100	94	24	25,9	462.000.000	2.050.000	17.200.000	203.000	2.400	345	12.400	350/12	180/20	7
500	185	18-27	140	18.000	[illegible]	102	30	32	692.000.000	2.770.000	24.700.000	267.000	2.600	385	13.800	390/15	190/25	7
550	200	19-30	167	21.200	[illegible]	110	30	32	994.000.000	3.600.000	34.900.000	349.000	2.850	425	15.300	430/15	210/25	7
600	215	21,6-32,4	199	[illegible]	[illegible]	118	30	32	1.390.000.000	4.550.000	47.100.000	442.000	3.100	505	21.700	470/15	220/25	8

— Doubles-Tés appuyés aux 2 extrémités —
Chargés debout

$$P = \dfrac{50.000\ I}{L^{2}}$$

Louis Perbul

10-26

Charge maximum en kilos que la pièce peut supporter, sa longueur en m/m étant de :

Hauteur (1)	Largeur (2)	Épaisseurs (3)	Poids (4)	Section brute (5)	Rivet (6)	Compression simple (7)
80	42	3,9-5,9	6	757	16-8	7.570
100	50	4,5-6,8	8,3	1.060	16-8	10.600
120	58	5,1-7,2	11,1	1.420	16-10	14.200
140	66	5,7-8,6	14,3	1.820	16-10	18.200
160	74	6,2-9,5	17,9	2.280	18-12	22.800
180	82	6,9-10,4	21,9	2.790	18-12	27.900
200	90	7,5-11,3	26,2	3.340	18-14	33.400
220	98	8,1-12,2	31	3.950	18-16	39.500
240	106	8,7-13,1	36,2	4.610	20-16	46.100
260	113	9,4-14,4	41,9	5.330	20-18	53.300
280	119	10,1-15,2	47,9	6.100	20-18	61.000
300	125	10,8-16,2	54,1	6.900	20	69.000
320	131	11,5-17,3	61	7.770	24-20	77.700
360	143	13-19,5	76,1	9.700	24-20	97.000
400	155	14,4-21,6	92,3	11.800	24	118.000
450	170	16,3-24,3	115	14.950	24	149.500
500	185	18-27	140	18.000	30	180.000
550	200	19-30	167	21.500	30	215.000
600	215	21,6-32,4	190	25.420	36	254.000

Hauteur	800	1000	1200	1400	1500	1800	2000	2250	2500
80	4.900	3.150	2.180	1.600	1.250	923	788	622	505
100	9.550	6.100	4.230	3.110	2.380	1.880	1.530	1.200	978
120	—	10.700	7.430	5.450	4.180	3.300	2.680	2.110	1.710
140	—	17.600	12.200	9.000	6.890	5.440	4.280	3.480	2.820
160	—	—	18.900	13.900	10.600	8.420	6.820	5.480	4.360
180	—	—	—	20.700	15.900	12.500	10.200	8.030	6.510
200	—	—	—	29.800	22.800	18.000	14.600	11.500	9.360
220	—	—	—	—	31.800	25.100	20.400	16.100	13.000
240	—	—	—	—	43.000	34.000	27.500	21.700	17.600
260	—	—	—	—	—	44.300	35.900	28.300	22.900
280	—	—	—	—	—	56.100	45.400	35.800	29.100
300	—	—	—	—	—	—	56.200	44.300	36.000
320	—	—	—	—	—	—	69.300	54.700	44.400
360	—	—	—	—	—	—	—	80.600	65.500
400	—	—	—	—	—	—	—	114.500	93.000
450	—	—	—	—	—	—	—	—	137.500
500	—	—	—	—	—	—	—	—	—
550	—	—	—	—	—	—	—	—	—
600	—	—	—	—	—	—	—	—	—

Hauteur	2750	3000	4000	5000	6000	7000	8000	10000	12000	15000	Rayon de giration (9)	Moment d'inertie minimum (10)
80	415	350	197	126	87	—	—	—	—	—	9,1	63.000
100	808	678	382	244	169	124	—	—	—	—	10,7	122.000
120	1.415	1.190	670	428	298	218	167	—	—	—	12,2	214.000
140	2.330	1.950	1.100	705	488	359	274	176	—	—	13,9	352.000
160	3.600	3.030	1.700	1.090	758	556	425	272	189	—	15,5	545.000
180	5.380	4.520	2.540	1.630	1.130	830	635	406	282	180	17,1	813.000
200	7.730	6.500	3.650	2.330	1.620	1.190	913	585	406	260	18,9	1.170.000
220	10.800	8.150	5.100	3.260	2.260	1.660	1.270	815	565	362	20,3	1.630.000
240	14.500	12.200	6.870	4.400	3.050	2.240	1.720	1.100	764	488	21,8	2.200.000
260	19.000	15.900	8.960	5.750	3.980	2.950	2.240	1.430	998	640	23,2	2.870.000
280	24.000	20.100	11.300	7.270	5.050	3.700	2.840	1.810	1.260	807	24,4	3.630.000
300	29.700	24.900	14.000	9.000	6.250	4.580	3.510	2.240	1.560	1.000	25,5	4.490.000
320	36.800	31.800	17.300	11.000	7.700	5.650	4.320	2.770	1.920	1.230	26,7	5.540.000
360	54.000	40.800	25.600	15.300	11.300	9.350	6.400	4.080	2.840	1.820	29	8.170.000
400	76.800	64.500	36.200	23.200	15.100	11.800	9.060	5.800	4.030	2.580	31,3	11.600.000
450	113.500	95.500	53.600	34.400	23.500	17.500	13.400	8.600	5.960	3.820	34	17.200.000
500	163.000	137.000	77.200	43.400	34.500	25.200	19.300	13.350	8.580	5.480	37	24.700.000
550	—	191.000	105.000	63.500	48.500	35.600	27.200	17.450	12.100	7.760	40,2	34.900.000
600	—	—	130.500	96.800	49.800	37.600	24.000	16.760	10.700	—	43	48.100.000

Tableau 21

2 Doubles-Tés appuyés aux 2 extrémités
Chargés debout

$$P = \dfrac{50.000\,I}{L^2}$$

(Voir tableau 19 colonne 15 pour la distance entre les axes des Tés)
(colonne 14 pour la limite maximum de distance des attaches)

10-26

Caractéristiques de la section

Hauteur	Largeur	Épaisseurs	Poids	Section brute (5)	Rivets (6)	Compression simple (7)	Rayon de giration (9)	Moment d'inertie minimum (10)
80	49	3,5-5,9	6	1 515	16-8	15.150	32,2	1.570.000
100	60	4,5-6,8	8,3	2 180	16-8	21 200	40,2	3.440.000
120	58	5,1-7,7	11,1	2 640	16-10	28 400	48,2	6.600.000
140	66	5,7-8,6	14,3	3 640	16-10	36 400	56,5	11.600.000
160	74	6,3-9,5	17,9	4 560	18-12	45.600	63,6	18.900.000
180	82	6,9-10,4	21,9	5.580	18-12	55 800	74,1	29.200.000
200	90	7,5-11,3	26,2	6 680	18-14	66.800	80,4	43.800.000
220	93	8,1-12,2	31	7.900	18-16	79.000	88,5	61.800.000
240	106	8,7-13,1	36,2	9 220	20-16	92.200	96,4	85.600.000
260	113	9,3-14,1	41,0	10.650	20-18	106.500	104,5	116.000.000
280	119	10,1-15,2	47,9	12.200	20-18	122 000	112	153.000.000
300	125	10,8-16,2	54,1	13.800	20	138 000	119,5	197.000.000
320	131	11,5-17,3	61	15.550	24-20	155.500	127,5	252.000.000
360	143	13-19,5	76,1	19.400	24-20	194.000	142,5	395.000.000
400	155	14,4-21,6	92,3	23 600	24	236.000	158	540.000.000
450	170	16,2-24,3	115	29 900	24	299.000	177,5	595.000.000
500	185	18-27	149	36.000	20	360 000	196	726.000.000
550	200	19-30	167	42.400	30	424.000	214	1.380.000.000
600	215	21,6-32,4	199	50.800	30	508.000	236	2.780.000.000

Charge maximum en kos que la pièce peut supporter, sa longueur en L étant de :

Hauteur	2750	3.000	4.000	5.000	6.000	7.000	8.000	10.000	12.000	15.000	20.000	25.000	30.000
80	10 350	8.700	4.890	3.130	2.170	1.600	1.220	784	543	348	196	—	—
100	—	19.150	10 750	6.890	4.770	3.510	2.680	1.720	1.190	765	430	276	—
120	—	—	20 600	13.200	9.170	6.750	5.150	3.300	2.290	1.460	821	528	330
140	—	—	36.200	23.200	16.050	11.800	9.040	5.790	4.020	2.570	1.440	926	643
160	—	—	—	37.800	26.200	19.250	14.750	9.440	6.550	4.200	2.360	1.510	1.050
180	—	—	—	—	40.600	29.800	22.800	14.600	10.100	6.500	3.640	2.340	1.620
200	—	—	—	—	60.000	44.000	33.700	21.600	15.000	9.600	5.400	3.460	2.400
220	—	—	—	—	—	63.000	48.300	30.900	21.400	13.700	7.720	4.940	3.430
240	—	—	—	—	—	82.500	67.000	42.800	29.700	19.000	10.700	6.850	4.760
260	—	—	—	—	—	—	90.500	58.000	40.800	25.700	14.500	9.280	6.450
280	—	—	—	—	—	—	119.500	76.600	53.200	34.100	19.150	12.230	8.520
300	—	—	—	—	—	—	—	98.800	68.500	43.800	24.600	15.500	10.950
320	—	—	—	—	—	—	—	126.000	87.500	56.000	31.500	20.100	14.000
360	—	—	—	—	—	—	—	—	137.000	88.000	49.400	31.600	21.900
400	—	—	—	—	—	—	—	—	203.000	131.000	73.700	47.200	32.800
450	—	—	—	—	—	—	—	—	—	205.000	115.000	74.000	51.300
500	—	—	—	—	—	—	—	—	—	307.000	173.000	110.500	76.500
550	—	—	—	—	—	—	—	—	—	—	248.000	158.500	110.000
600	—	—	—	—	—	—	—	—	—	—	343.000	224.000	154.500

= Tableau 22 =

= Sections carrées composées de 4 cornières à ailes égales
Appuyées aux 2 extrémités
Chargées debout

$R = 10$ Kgs.

10-26

Échantillon	Charge maximum pour 4 cornières k	Limite longueur d'un élément m.m.
1	2	3
40 40 4	10.350	550
50 50 5	16.350	695
60 60 6	23.650	830
70 70 7	32.300	975
80 80 8	41.700	1,110
90 90 9	53.200	1,240
100 100 10	67.200	1,380
120 120 12	98.900	1,650
150 150 15	154.500	2,080

Côté a m.m.	Longueur maximum ℓ m.m.	Cornières à employer	Côté a m.m.	Longueur maximum ℓ m.m.	Cornières à employer	Côté a m.m.	Longueur maximum ℓ m.m.	Cornières à employer
4	5	6	4	5	6	4	5	6
120	3,700	40	1,000	34,500	50 à 150	2,050	74,000	120 à 150
150	4,500	40 à 45	1,050	36,000	"	2,100	76,000	"
180	5,200	40 à 60	1,100	38,000	"	2,150	78,000	"
200	6,500	"	1,150	39,500	60 à 150	2,200	80,000	"
220	7,800	40 à 70	1,200	42,000	"	2,250	82,900	"
250	8,900	40 à 80	1,250	43,500	70 à 150	2,300	83,000	"
280	9,000	40 à 90	1,300	45,500	"	2,350	84,000	"
300	9,500	40 à 100	1,350	47,500	"	2,400	85,800	"
350	11,900	40 à 120	1,400	49,000	"	2,450	87,800	150
400	13,000	"	1,450	50,500	80 à 150	2,500	90,800	"
450	14,000	40 à 150	1,500	52,000	"	2,550	92,000	"
500	15,800	"	1,550	54,500	"	2,600	94,000	"
550	17,600	"	1,600	56,500	"	2,650	96,000	"
600	19,500	"	1,650	58,500	90 à 150	2,700	96,500	"
650	21,200	"	1,700	60,000	"	2,750	97,000	"
700	23,500	"	1,750	62,500	"	2,800	98,500	"
750	25,000	"	1,800	64,000	"	2,850	99,000	"
800	27,000	"	1,850	65,500	100 à 150	2,900	101,000	"
850	28,500	50 à 150	1,900	68,500	"	2,950	103,000	"
900	30,500	"	1,950	69,000	"	3,000	105,000	"
950	32,500	"	2,000	72,500	"			

Lauis   Perbal.

10.26

— Rivets —   — Tableau 23 —

Tête ronde				Tête fraisée				Poids de 1m de tige kos
Diamètre de la tige d 1	Diamètre de la tête a 2	Hauteur de la tête b 3	Poids de 100 têtes kos 4	Diamètre de la tête $D = 2d$ 5	Hauteur de la tête $h = \dfrac{d}{2}$ 6	Bombage $\dfrac{d}{10}$ 7	Poids de 100 têtes kos 8	9
6	11	4,5	0,200	12	3	0,6	0,180	0,220
8	14	5,5	0,420	16	4	0,8	0,410	0,390
10	17	7	0,760	20	5	1	0,830	0,610
12	21	8	1,290	24	6	1,2	1,380	0,880
14	24	10	2,170	28	7	1,4	2,280	1,200
16	28	11	3,180	32	8	1,6	3,360	1,570
18	31	12	4,220	36	9	1,8	4,500	1,980
20	34	14	6,080	40	10	2	6,650	2,450
24	41	17	10,700	48	12	2,4	11,400	3,520
30	51	21	20,100	60	15	3	22,800	5,500

Louis Verbal.

— Boulons —

— Tableau 24 —

10-26

Diamètre D	Pas P	Diam à flanc de filet $\Delta = D - 3\frac{1}{3}\frac{P}{8}$	Tête hexagonale		Ecrou		Goupille		Tête fraisée		Rondelle	
			hauteur h	largeur a	Hauteur = D	largeur a	Diamètre	Diamètre du trou	Largeur a	Hauteur h	Diamètre × épaisseur	Diamètre du trou
1	2	3	4	5	6	7	8	9	10	11	12	13
6	1,00	5,350	5	10	6	10	2	2,5	12	3	14 × 2	7
8	1,25	7,190	6	14	8	14	2	2,5	16	4	12 × 2,5	9
10	1,50	9,030	7	17	10	17	3	3,5	20	5	23 × 3	11
12	1,75	10,850	9	21	12	21	3	3,5	24	6	27 × 3,5	13
14	2,00	12,700	10	23	14	23	4	4,5	28	7	30 × 4	15
16	2,00	14,700	12	26	16	26	4	4,5	32	8	34 × 4	18
18	2,50	16,350	13	29	18	29	5	5,5	36	9	37 × 5	20
20	2,50	18,400	14	32	20	32	5	5,5	40	10	40 × 5	22
24	3,00	22,000	17	38	24	38	6	6,5	48	12	50 × 6	26
30	3,50	27,700	21	46	30	46	7	7,5	60	15	60 × 7	32

Louis Perbal.

— Tableau 25 —

— Série courante des longueurs des rivets —

2 - 1328

6	8	10		12		14		16		18		20		24		30	
4	6	8	54	10	56	9	78	12	81	16	108	16	108	20	135	24	162
5	8	10	56	12	58	12	81	15	84	20	112	20	112	25	140	30	168
6	10	12	58	14	60	15	84	18	87	24	116	24	116	30	145	36	174
7	12	14	60	16	62	18	87	21	90	28	120	28	120	35	150	42	180
8	14	16		18	64	21	90	24	93	32	124	32	124	40	155	48	186
9	16	18		20	66	24		27	96	36	128	36	128	45	160	54	192
10	18	20		22	68	27		30	99	40	132	40	132	50	165	60	198
11	20	22		24	70	30		33	102	44	136	44	136	55	170	66	204
12	22	24		26	72	33		36	105	48	140	48	140	60	175	72	210
13	24	26		28	74	36		39	108	52		52	144	65	180	78	216
14	26	28		30		39		42	112	56		56	148	70	185	84	222
15	28	30		32		42		45	115	60		60	152	75	190	90	228
16	30	32		34		45		48		64		64	156	80	195	96	234
17	32	34		36		48		51		68		68	160	85	200	102	240
18	34	36		38		51		54		72		72		90		108	
19	36	38		40		54		57		76		76		95		114	
20	38	40		42		57		60		80		80		100		120	
21	40	42		44		60		63		84		84		105		126	
22		44		46		63		66		88		88		110		132	
23		46		48		66		69		92		92		115		138	
24		48		50		69		72		96		96		120		144	
		50		52		72		75		100		100		125		150	
		52		54		75		78		104		104		130		156	

Sans échelle

— Rivure ronde de charpente —

Longueur des rivets d'après l'ensemble des épaisseurs à assembler

De 14 à 30, la rivure indiquée correspond à une formation semblable à la tête du rivet.
De 6 à 12, plus couramment mis à froid, la rivure indiquée donne une forme plus plate que ne l'est la tête.

2 1.928

ε	6	8	10	12	14	16	18	20	24	30
rivure	4,5	6	8	11	20	22,6	25,7	28,6	34,3	42,9
1 ½	1,21	1,23	1,19	1,17	1,16	1,15	1,14	1,13	1,12	1,10
3	8									
4	9	10								
5	10	12	14							
6	12	12	15	18						
7	13	14	16	20	27					
8	14	16	18	20	30	33				
9	15	16	18	22	30	33	36			
10	17	18	20	22	33	33	36	40		
11	18	20	22	24	33	36	40	40		
12	19	20	22	24	33	36	40	44	45	
13	20	22	24	26	36	39	40	44	50	
14	21	24	24	28	36	39	40	44	50	
15	23	24	26	28	36	39	44	44	50	60
16	24	26	26	30	39	42	44	48	50	60
17	25	26	28	30	39	42	44	48	55	60
18	26	28	30	32	42	45	48	48	55	60
19	27	30	30	34	42	45	48	48	55	66
20	29	30	32	34	42	45	48	52	55	66
21	30	32	32	36	45	48	48	52	60	66
22	31	34	34	36	45	48	52	52	60	66
23	32	34	36	38	48	51	52	56	60	66
24	33	36	36	40	48	51	52	56	60	72
25	35	36	38	40	48	51	56	56	60	72

ε	8	10	12	14	16	18	20	24	30
26	38	38	42	51	54	56	56	65	72
27	40	40	44	51	54	56	60	65	72
28	40	40	44	51	54	56	60	65	72
29	42	42	46	54	57	60	60	65	72
30	42	44	46	54	57	60	64	70	78
31	44	44	48	57	60	60	64	70	78
32	46	46	48	57	60	64	64	70	78
33	46	48	50	57	60	64	64	70	78
34	48	48	50	60	63	64	68	70	78
35	48	50	52	60	63	64	68	75	84
36	50	50	54	63	63	68	68	75	84
37	50	52	54	63	66	68	72	75	84
38	52	54	56	63	66	68	72	75	84
39	54	54	56	66	69	72	72	80	84
40	56	56	58	66	69	72	72	80	84
41		56	58	63	69	72	76	80	90
42		58	60	63	72	72	76	80	90
43		60	62	63	72	76	76	80	90
44		60	62	72	75	76	80	85	90
45		62	64	72	75	76	80	85	90
46		62	64	72	75	80	80	85	96
47		64	66	75	78	80	80	85	96
48		64	68	75	78	80	84	90	96
49		66	68	78	78	80	84	90	96
50		68	70	78	81	84	84	90	96

ε	14	16	18	20	24	30
51	78	81	84	88	90	96
52	81	84	84	88	90	102
53	81	84	88	88	95	102
54	84	84	88	88	95	102
55	84	87	88	92	95	102
56	84	87	88	92	95	102
57	87	87	92	92	100	108
58	87	90	92	96	100	108
59	87	90	92	96	100	108
60	90	93	96	96	100	108
61	90	93	96	96	105	114
62	93	93	96	100	105	114
63	93	96	96	100	105	114
64	95	96	100	100	105	114
65	96	99	100	104	105	114
66		99	100	104	105	114
67		99	104	104	105	114
68		102	104	104	110	120
69		102	104	108	110	120
70		102	104	108	115	120
71			108	108	115	120
72			108	112	115	120
73			108	112	115	126
74			112	112	115	126
75			112	112	120	126

ε	20	24	30
76	116	120	126
77	116	120	126
78	116	120	126
79	116	125	132
80	120	125	132
81	120	125	132
82	120	125	132
83	124	125	132
84	124	130	138
85	124	130	138
86		130	138
87		135	138
88		135	138
89		135	138
90		135	144
91		135	144
92		140	144
93		140	144
94		140	144
95		140	150
96			150
97			150
98			150
99			150
100			150

Louis Perbal

— **Rivure fraisée** —   — **Tableau 27** —

— Longueurs des rivets d'après l'ensemble des épaisseurs à assembler —

2 - 1928

	6	8	10	12	14	16	18	20	24	30
Rivure	2,1	2,7	3,3	4	4,7	5,3	6,1	6,6	7,9	9,9
	1,21	1,23	1,19	1,17	1,16	1,15	1,14	1,13	1,12	1,10
3	6									
4	7	8								
5	8	8	10							
6	9	10	10	10						
7	11	12	12	12	12					
8	12	12	12	14	15	15				
9	13	14	14	14	15	15	16			
10	14	14	16	15	15	18	16	16		
11	15	16	16	16	18	18	20	20		
12	17	18	18	18	18	18	20	20	20	
13	18	18	18	20	21	21	20	20	20	
14	19	20	20	20	21	21	24	24	25	
15	20	22	22	22	21	24	24	24	25	24
16	21	22	22	23	24	24	24	24	25	30
17	23	24	24	24	24	24	24	24	25	30
18	24	24	24	26	27	27	28	28	30	30
19	25	25	26	26	27	27	28	28	30	30
20	26	28	28	28	27	27	28	28	30	30
21	27	28	28	28	30	30	23	32	30	30
22	29	30	30	30	30	30	32	32	35	36
23	30	32	30	30	33	33	32	32	35	36
24	31	32	32	32	33	33	32	32	35	36
25	32	34	34	34	33	33	36	36	35	36

Louis Gilet

G	8	10	12	14	16	18	20	24	30
26	34	34	34	36	36	36	36	35	36
27	36	36	36	36	36	36	36	40	42
28	38	36	36	36	36	36	40	40	42
29	38	38	38	39	39	40	40	40	42
30	40	38	40	39	39	40	40	40	42
31	40	40	40	42	42	40	40	45	42
32	42	42	42	42	42	44	44	45	48
33	44	42	42	42	42	44	44	45	48
34	44	44	44	45	45	44	44	45	48
35	46	44	44	45	45	44	48	45	48
36	46	46	46	45	48	48	48	50	48
37	48	48	48	48	48	48	48	50	48
38	50	48	48	48	48	48	48	50	54
39	50	50	50	51	51	52	52	50	54
40	52	50	50	51	51	52	52	55	54
41		52	52	51	51	52	52	55	54
42		54	54	54	54	52	52	55	54
43		54	54	54	54	56	56	55	60
44		56	56	57	57	56	56	55	60
45		56	56	57	57	56	56	60	60
46		58	58	57	57	60	60	60	60
47		60	58	60	60	60	60	60	60
48		60	60	60	60	60	60	60	60
49		62	62	63	63	60	60	65	66
50		62	62	63	63	64	54	65	66

G	14	16	18	20	24	30	G	20	24	30
51	63	63	64	64	65	66	76	92	95	96
52	66	66	64	64	65	66	77	92	95	96
53	66	66	68	68	65	66	78	96	95	96
54	69	69	68	68	70	72	79	96	95	96
55	69	69	68	68	70	72	80	96	95	96
56	69	69	68	68	70	72	81	100	100	96
57	72	72	72	72	70	72	82	100	100	102
58	72	72	72	72	75	72	83	100	100	102
59	72	72	72	72	75	72	84	100	100	102
60	75	75	76	76	75	78	85	104	105	102
61	75	75	76	76	75	78	86		105	102
62	75	78	76	76	75	78	87		105	108
63	78	78	76	76	80	78	88		105	108
64	78	78	80	80	80	78	89		110	108
65	81	81	80	80	80	84	90		110	108
66		81	80	80	80	84	91		110	108
67		81	84	84	85	84	92		110	108
68		84	84	84	85	84	93		110	114
69		84	84	84	85	84	94		115	114
70		87	84	84	85	84	95		115	114
71			88	88	85	90	96			114
72			88	88	90	90	97			114
73			88	88	90	90	98			120
74			92	92	90	90	99			120
75			92	92	90	90	100			120

Rivure étanche — Tableau 28

Longueur des rivets d'après l'ensemble des épaisseurs à assembler

3 — 1925.

	6	8	10	12	14	16	18	20	24	30
rivet	4,5	6	8	11	15	19	22,5	25	30	37,5
1½	1,21	1,23	1,19	1,17	1,16	1,15	1,14	1,13	1,12	1,10
3	8									
4	9	10								
5	10	12	14							
6	12	14	16	18						
7	13	14	16	20	24					
8	14	16	18	20	24	27				
9	15	16	18	22	24	30	32			
10	17	18	20	22	27	30	32	36		
11	18	20	22	24	27	33	36	36		
12	19	20	22	24	30	33	36	40	45	
13	20	22	24	26	30	33	36	40	45	
14	21	24	24	28	30	36	40	40	45	
15	23	24	26	28	33	36	40	40	45	54
16	24	26	26	30	33	36	40	44	50	54
17	25	26	28	30	36	39	40	44	50	54
18	26	28	30	32	36	39	44	44	50	60
19	27	30	30	34	36	42	44	48	50	60
20	29	30	32	34	39	42	44	48	50	60
21	30	32	32	36	39	42	48	48	55	60
22	31	34	34	36	42	45	48	48	55	60
23	32	34	36	38	42	45	48	52	55	60
24	33	36	36	40	42	48	52	52	55	66
25	35	36	38	40	45	48	52	52	60	66

	8	10	12	14	16	18	20	24	30
26	38	38	42	45	48	52	56	60	66
27	40	40	42	45	51	52	56	60	66
28	40	42	44	48	51	56	56	60	66
29	42	42	44	48	51	56	56	60	72
30	42	44	46	51	54	56	60	65	72
31	44	44	48	51	54	56	60	65	72
32	44	46	48	51	57	60	60	65	72
33	46	48	50	54	57	60	64	65	72
34	48	48	50	54	57	60	64	70	72
35	48	50	52	57	60	64	64	70	78
36	50	50	54	57	60	64	64	70	78
37	52	52	54	57	60	64	68	70	78
38	52	54	56	60	63	66	68	70	78
39	54	54	56	60	63	68	68	75	78
40	56	56	58	60	66	68	72	75	84
41		56	58	63	66	68	72	75	84
42		58	60	63	66	72	72	75	84
43		60	62	66	69	72	72	80	84
44		60	62	66	69	72	76	80	84
45		62	64	66	72	72	76	80	84
46		62	64	69	72	76	76	80	90
47		64	66	69	72	76	80	85	90
48		66	66	72	75	76	80	85	90
49		66	68	72	75	80	80	85	90
50		68	70	72	75	80	80	85	90

	14	16	18	20	24	30
51	75	78	80	84	85	96
52	75	78	80	84	90	96
53	75	81	84	84	90	96
54	78	81	84	84	90	96
55	78	81	84	88	90	96
56	81	84	88	88	95	102
57	81	84	88	88	95	102
58	81	87	88	92	95	102
59	84	87	88	92	95	102
60	84	87	92	92	95	102
61	87	90	92	92	100	102
62	87	90	92	96	100	108
63	87	93	96	96	100	108
64	90	93	96	96	100	108
65	90	93	96	100	105	108
66		96	96	100	105	108
67		96	100	100	105	114
68		96	100	100	105	114
69		99	100	104	105	114
70		99	104	104	110	114
71			104	104	110	114
72			104	104	110	114
73			104	108	110	120
74			108	108	115	120
75			108	108	115	120

	20	24	30
76	112	115	120
77	112	115	120
78	112	115	126
79	116	120	126
80	116	120	126
81	116	120	126
82	116	120	126
83	120	125	126
84	120	125	132
85	120	125	132
86		125	132
87		125	132
88		130	132
89		130	138
90		130	138
91		130	138
92		135	138
93		135	138
94		135	142
95		135	142
96			142
97			142
98			148
99			148
100			148

— Rivure écrasée — — Tableau 29 —

Longueur des rivets d'après l'ensemble des épaisseurs à assembler

3 - 1 928

	6	8	10	12	14	16	18	20	Épaisseur	8	10	12	14	16	18	20	Épaisseur	14	16	18	20	Épaisseur	18	20
Rivure	4	5	6	9	10,5	12	13,5	15	26	36	36	40	42	42	44	44	51	69	72	72	72	76	100	100
1er	1,21	1,23	1,19	1,17	1,16	1,15	1,14	1,13	27	38	38	40	42	42	44	44	52	72	72	72	72	77	100	100
3	8								28	40	40	42	42	45	44	48	53	72	72	72	76	78	100	104
4	9	10							29	40	40	42	45	45	48	48	54	72	75	76	76	79	104	104
5	10	12	12						30	42	42	44	45	45	48	48	55	75	75	76	76	80	104	104
6	11	12	14	16					31		42	46	45	48	48	48	56	75	75	76	80	81		108
7	12	14	14	18	18				32		44	46	48	48	48	52	57	78	78	80	80	82		108
8	14	16	16	18	21	21			33		46	48	43	51	52	52	58	78	78	80	80	83		108
9	15	16	16	20	21	21	24		34		46	48	51	51	52	52	59	78	81	80	80	84		108
10	16	18	18	20	21	24	24	28	35		48	50	51	51	52	52	60	81	81	80	84	85		112
11	17	18	20	22	24	24	28	28	36		48	52	51	54	56	56	61		81	84	84	86		112
12	18	20	20	22	24	27	28	28	37		50	52	54	54	56	56	62		84	84	84	87		112
13	20	20	22	24	27	27	28	28	38		52	54	54	57	56	56	63		84	84	88	88		112
14	21	22	22	26	27	27	28	32	39		52	54	57	57	56	60	64		84	88	88	89		116
15	22	24	24	26	27	30	32	32	40		54	56	57	57	60	60	65		87	88	88	90		116
16	23	24	24	28	30	30	32	32	41			56	57	60	60	60	66		87	88	88	91		
17	25	26	26	28	30	35	32	36	42			58	60	60	60	64	67		87	88	92	92		
18	26	26	28	30	30	33	32	36	43			60	60	60	64	64	68		90	92	92	93		
19	27	28	28	32	33	36	36	36	44			60	60	63	64	64	69		90	92	92	94		
20	28	30	30	32	33	36	36	36	45			62	63	63	64	64	70		93	92	96	95		
21		30	30	34	36	36	36	40	46			62	63	65	64	68	71			95	96	96		
22		32	32	34	36	39	40	40	47			64	66	66	68	68	72			96	96	97		
23		34	34	36	36	39	40	40	48			66	66	66	68	68	73			96	96	98		
24		34	34	38	39	39	40	44	49			66	66	69	68	72	74			96	100	99		
25		36	36	36	39	42	40	44	50			68	69	69	68	72	75			100	100	100		

RÉPERTOIRE ALPHABÉTIQUE

ÉNUMÉRATION DES FIGURES

ORLÉANS, IMP. H. TESSIER. — 15-12 1928.